고등수학 쉽게 배우기

이주연 지음

종이와 나무

들어가며

저는 어릴 때부터 수학을 좋아했습니다. 특히 어려운 문제를 여러 시간에 걸쳐 고민하고 나만의 방식대로 풀어서 친구들에게 가르쳐 주는 것에 희열을 느꼈습니다. 그래서 '이것이 나에게 가장 맞는 일이구나, 내가 제일 좋아하는 일이구나!' 라는 생각을 가지고 수학 선생님이 되고 싶다는 꿈을 꾸게 되었습니다.

그러나 이렇게 수학을 좋아했던 저는 대학에 진학하고 나서 처음으로 수학에서 좌절을 맛보았습니다. 대학에 와서 접한 수학이 처음에 너무 어렵다고 느껴졌고 어렵다고 느껴지자 포기하고 싶은 마음이 바로 생겼습니다. 개념을 이해하는 데 충분한 시간을 들이지 않고 결과만 기대하면 좌절도 빠르게 다가온다는 것도 알게 되었습니다. 하지만 수학 선생님이 꿈인 저는 이 어려움은 극복을 해야 했고 천천히 하나 하나 개념을 이해하는 것부터 다시 시작했습니다. 이렇게 노력하는 시간이 쌓이면서 수학을 바라보는 제 자신의 시야가 엄청 넓게 발달하게 되었다는 것을 알게 되었습니다. 저는 20대가 되어서야 이 난관을 극복할 수 있었지만 아직도 수학에 대한 좌절감에 빠져 길을 헤매는 아이들을 보면 안타깝기만 합니다.

수학은 어렵지만 재미있는 학문입니다. 하지만, 아이들은 오늘도 수학 때문에 지치고 힘듭니다. 어떻게 해야 우리 아이들이 이 힘든 시기를 잘 지나갈 수 있을지에 대한 고민으로 이 책을 썼습니다. 책을 쓰면서 제 문장력이 부끄러웠지만 수학 때문에 힘들어 할 아이들을 생각해 보니 그것은 중요하지 않다는 생각이 들었습니다.

얼마 전 엘리베이터 안에서 들은 이야기입니다. 6살 쯤 되어 보이는 예쁜 꼬마에게 어른이 이렇게 이야기하더군요. '이제 한글 공부 끝나면 바로 수학 공부해야 된다.' 이 이야기를 듣는 예쁜 꼬마 아이는 행복했을까요?

사람마다 시기가 다를 뿐 아이들의 수학적 능력은 점점 성장해 나갑니다. 그렇지만 과도한 선행교육이 아이들의 사기를 너무 꺾어놓았습니다. 그런 아이들을 보면 어른들의 욕심으로 아이들을 망친 것 같아서 너무 속상합니다.

이 책은 읽는 모든 학생들에게 아직 늦지 않았다고 말하고 싶습니다. 자신을 믿고 지금부터 한 걸음 한 걸음씩 나아가면 언제가는 본인이 원하는 목표에 다다를 수 있다고 이야기해 주고 싶습니다. 수학 때문에 상처받은 친구들의 어깨를 다독여 주고 싶습니다. 여러분 곁에는 선생님들이 항상 계시다고 희망을 잃지 말고 용기 있게 앞으로 나아가라고 말하고 싶습니다.

또한 이 책을 읽는 학부모님께도 우리 아이가 조금 늦을 뿐이지 언젠가는 본인이 정한 목표에 도달할 수 있으므로 조바심 내지 말고 옆에서 꼭 지켜봐 주셨으면 좋겠다는 말씀을 드리고 싶습니다. 제가 교육해본 결과 칭찬이 가장 좋은 교육방법입니다. 아이들에게 부모님들이 항상 격려와 칭찬을 해 주시면 좋겠습니다.

이 시대를 살아가는 모든 사람들이 서로를 이해하고 기다려주면 좋겠습니다.

물론 저와 의견이 다른 분들도 있겠지만 넓은 마음으로 읽어주시면 좋겠습니다. 읽어주신 모든 분들께 감사드립니다.

2021년 봄

이주연

이 책의 차례

I

생각하는 힘,
수학

수학!

여러분은 이 단어를 들으면 어떤 생각이 드나요?

'와! 수학 시간은 정말 재미있는데', '내가 수학은 좀 하지', '수학을 배우고 내 삶이 달라졌어요' 이런 생각을 하는 사람보다 '으! 수학, 웬수 같아', '난 수학을 너무 못해', '오늘 수학 시간은 어떻게 보내나' 이런 생각을 하는 사람이 훨씬 많을 겁니다.

수학이라는 과목이 학창시절에 배우기 어려웠던 기억 때문인지 사람들은 수학과 수학교육을 전공한 사람들을 신기하게 생각하곤 합니다.

저를 만난 분들은 가끔 저에게 이런 질문을 하지요.

'여러 가지 학문들 중에서 하필이면 그렇게 어려운 수학을 왜 공부하게 되었어요?', '그 지루한 수학은 공부해서 어디에 쓰나요?', '와! 수학을 전공하셨으니 계산 정말 잘 하시겠어요'

이러한 질문들은 수학교육을 전공한 제 입장에서 보면 제 마음을 답답하게 만든 답니다. 우리나라 수학교육이 얼마나 많은 사람에게 부담이 되는 지, 수학의 재미와 의미를 수학교육을 통해 전혀 알려주지 않고 여러분에게 입시의 과목으로써 수학만이 존재했다는 것을 알려주는 지표가 되기 때문입니다.

정말 수학은 계산만 하는 과목이고 현실세계에 쓸모없는 학문이라고 여러분은 생각하시나요? 현실세계에 필요한 계산만 가르쳐야 한다면 우리는 아이들에게 계산기 사용법만을 가르치면 됩니다. 사실 계산만 가르친다면 학교에서 수학 교육을 받을 필요도 없이 집에서도 충분히 가르칠 수 있습니다. 옛날 사람들도 학교 교육 없이도 충분히 수를 세는 개념은 자녀들에게 가르칠 수 있었으니까요.

그런데 이런 생각을 가져본 적이 없나요?

'왜 전 세계 나라들은 학교에서 수학을 가르치지?' 라고 말입니다. 정말 수학이 현실세계에서 쓰일 필요가 없는 학문이라면 전 세계 모든 나라가 아이들에게 수학을 가르치는 것은 모순일 것입니다. 분명 수학이 가진 어떤 장점이 있지 않을까요?

수학이 가지는 특별한 장점을 후세에게 물려주기 위해서 모든 나라가 수학교육을 하고 있습니다. 그렇다면 왜 우리가 수학을 공부해야 하는 지 수학이 가지는 장점이 무엇인지 수학을 공부하면 어디에 쓰이는지를 알아야 합니다.

인생을 살아가는데 있어서 꼭 필요하고 배워야 할 하는 학문이 여러 가지 있습니다. 저는 철학만큼 수학도 중요하다고 생각합니다. 지금부터 왜 수학이라는 학문이 앞으로 인생을 살아가는데 있어서 꼭 필요한 학문인지 이유를 알아보겠습니다.

1. 수학은 왜 배우나요?

여러분은 수학이라고 하면 무엇을 떠올리게 되나요?

복잡한 계산, 골치 아프고 이해되지 않는 수식, 기호를 늘어놓아 나를 힘들게 했던 과목 등 대부분의 사람들은 수학을 생각하면 이런 내용을 떠올리게 됩니다.

사람들의 생각대로 수학이라는 과목을 글자 그대로 한자로 풀이해 보면 계산할 수(數) 배울 학(學), 즉 계산을 배우는 학문 또는 수에 관한 연구하는 학문이라고도 생각할 수 있지요.

Theory of numbers
정수론이라는 수학의 한 분야를 말합니다.

그렇다면 영어로 수학을 Theory of numbers라고 해야 하는데 Mathematics라고 말합니다. 왜 Mathematics라고 했을까요? Mathematics는 Theory of numbers와 다른 무엇인가가 있지 않을까요?

공리적 방법
유클리드 원론에서 제안된 방식으로 정의와 몇 가지 공리를 기초로 명제의 참과 거짓을 밝혀내며 연역적으로 증명해 나가는 방법을 말합니다.

물론 수학이 고대에는 수, 크기, 모양에 대한 생각으로부터 발생한 것들을 다루는 학문으로, 숫자와 기호를 사용하여 이러한 대상들과 대상들의 관계를 공리적 방법으로 탐구하는 학문이였습니다. 하지만 지금의 수학은 수천 년에 걸쳐 많은 수학자들이 고민하고 그 내용을 정리한 그들의 업적에 의해 발전해왔습니다. 수학자들의 수학적 업적이 여러 분야, 특히 과학에 많은 영향을 미쳤다는 것을 여러분은 잘 알고 있을 겁니다.

그렇다면 수학자들이 만들어 놓은 수학 이론을 잘 배워서 수학문제를 잘 푸는 것이 우리가 말하는 수학이라는 학문일까요?

수학은 여러분이 생각하는 것처럼 단순히 수를 다루는 기술을 배우는 학문이 아닙니다. 수학은 생각하는 방법을 배우는 학문, 즉 사고의 학문입니다. 고대의 뛰어난 수학자들이 뛰어난 철학자였다는 것을 생각해보면 수학과 철학이 얼마나 관련이 많은 지 알 수 있습니다.

이렇게 말하면 수학을 공부한다는 것이 무슨 뜻인지 알기 어렵죠?

여러분이 지금까지 수학 공부를 제대로 열심히 잘 해 왔는지 아닌지를 알 수 있는 예를 하나 들어보겠습니다.

(1) 심슨의 역설(Simpson's paradox)

여러분이 고등학교에 들어와서 수학공부를 열심히 하기 위해서 수학 학원에 가려고 합니다. 어떤 학원을 선택할까 고민하고 있을 때, A , B 학원에서 다음과 같은 입시 합격률 홍보 자료를 내놓았습니다. 이 홍보 자료를 보면 어느 학원의 학생들이 더 많이 대학에 합격했는지 알 수 있나요? 여러분은 어느 학원을 선택할 건가요?

	A 학원	B 학원
남학생	90% 합격	85% 합격
여학생	75% 합격	70% 합격

위의 자료를 보면 A 학원이 B 학원보다 남학생, 여학생 모두 합격률이 높기 때문에 A 학원이 B 학원보다 합격률이 높다고 생각해서 A 학원에 가려고 결정할 겁니다.

하지만 정답은 '이 자료로는 어느 학원의 합격률이 높은지 알 수 없다.' 입니다. 여러분 맞으셨나요?

이유를 알려드릴게요. 이 자료에는 A학원과 B학원의 인원수가 몇 명인지, 남학생과 여학생의 인원수는 어떤 지에 대한 정확한 정보가 없습니다. 따라서, 다음과 경우가 있을 수도 있습니다.

	A학원	B학원
남학생	90%(90명 합격/100명)	85%(255명 합격/300명)
여학생	75%(300명 합격/400명)	70%(70명 합격/100명)
합계	78%(390명 합격/500명)	81.25%(325명 합격/400명)

왜 이런 현상이 생길까요? 여러분이 비율을 숫자와 같이 생각했기 때문에 마치 그림의 착시처럼 생각의 혼란이 생겨난 것입니다. 위의 예시에서 볼 수 있듯 집합의 부분이 크다고 전체가 큰 것은 아닙니다. 작은 부분의 대소관계가 부분을 합한 전체에 대해서는 성립하지 않는 모순적인 경우, 이렇게 평균이 일으키는 착각을 심슨의 역설(Simpson's paradox)이라고 합니다.

이런 현상은 우리 생활 곳곳에서 일어납니다. 선거에서 많은 지역에서 우세를 보인 후보가 전체를 합했을 때 오히려 지지율이 떨어지는 경우도 발생할 수 있고, 업체에서 물건을 홍보하면서 내 놓은 데이터가 실제와는 다르게 해석될 수 있도록 홍보하는 경우도 많습니다. 가끔 홈쇼핑이나 인터넷 광고들을 보면 현혹될만한 말로 여러분을 유혹하지만 자세히 살펴보면 이런 모순이 있는 경우도 적지 않게 있습니다. 때로는 의도적으로 여러분을 속이기 위해서 자신에게 유리한 데이터 해석을 내놓는 사람도 있습니다. 이런 내용을 고민하지 않고 그대로 믿으면 사기를 당하기 쉽습니다. 그런 의도에 속지 않기 위해서 우리는 좀 더 수학적으로 생각하는 방법을 연습할 필요가 있습니다.

(2) 자신의 생각을 확인하는 과정, 수학

이렇게 주어진 데이터를 잘 해석해 내는 능력, 실생활에서 수학적인 생각을 해낼 수 있는 능력, 이것이 수학적 능력입니다.

여러분이 그 동안 수학을 잘 공부해 왔다면 위의 문제를 처음에 접했을 때 바로 답을 구하려고 하지 않고 주어진 데이터가 전체를 나타낼 수 있는 객관적인 데이터인지 고민했을 것입니다. 또한 주어진 데이터가 다르게 해석할 수 있는지에 대해서도 생각해 보았을 것입니다. 아마 이 내용을 고민한 학생이라면 주어진 자료에 학생 수가 나타나 있지 않음을 알았을 것이고 주어진 자료에서 퍼센트로만 주어졌을 때 생길 수 있는 문제가 무엇인지 다시 한번 생각해 보았을 겁니다. 만약 이런 생각의 과정을 거치지 않았다면 여러분은 그 동안 수학 공부를 제대로 한 것이 아닙니다. 수학을 공부한 것이 아니라 수를 바꾸어 놓고 똑같은 유형의 문제를 지속적으로 풀어 온 기계적인 문제 풀이 능력만 습득한 것입니다.

이런 상황이 학원을 선택할 때만 일어날까요? 여러분이 아파서 병원에 가서 주어진 데이터를 보고 치료방법을 결정해야 할 때에도 일어날 수 있습니다. 스마트폰을 바꿀 때에도 일어날 수 있습니다. 아니면 홈쇼핑에서 물건을 구입할 때에도 일어날 수 있습니다. 잘못된 선택으로 많은 후회를 할 수도 있습니다.

따라서 수학을 공부한다는 것은 수학을 통해서 자신의 생각을 확인하는 사고기능을 훈련하는 것입니다.

수학을 통한 사고기능을 훈련한다는 것이 무엇일까요?

수학을 통한 두뇌 사고훈련이란 '문제상황을 접하기 → 문제상황을 분석하기 → 해결할 계획 세우기 → 계획을 실행하기 → 실행 중 문제점을 찾기 → 문제점을 해결하기'의 과정을 거치는 것을 말합니다.

따라서 수학이란 학문은 주어진 문제 상황에 대해서 해결책을 찾고 자신의 생각을 확인하는 방법을 배우는 것입니다. 다른 사람의 말이나 사회현상을 보고 당연하다고 생각하지 않고 '왜(why)?'라고 물으며 확인하는 과정을 거쳐서 문제를 해결하는 사고를 하는 것입니다. 이것이 바로 수학을 배우는 이유입니다.

또한 다양한 방법으로 생각하고 그 안에서의 패턴을 고려하고 나아가서 새로운 것을 생각하는 것, 이것이 수학이라는 학문의 매력입니다. 수학이라는 과목을 특성을 알았으면 이제 여러분은 수학을 배울 때 '왜(why)?'라는 질문을 계속해야 합니다. 이렇게 계속 질문하지 않으면 수학적 능력은 절대 발달하지 않습니다.

(3) 4차 산업혁명과 수학

여러분이 힘들다고 생각하는 이 수학적 능력은 앞으로 미래사회에 핵심역량으로 떠오르고 있습니다. 요즘 세상은 4차 산업혁명이라는 이야기가 계속 되고 있습니다. 인공 지능, 사물 인터넷, 빅데이터, 모바일 등 첨단 정보통신기술이 경제·사회 전반에 융합되어 혁신적인 변화가 나타나는 차세대 산업혁명을 4차 산업혁명이라고 이야기 하고 있습니다.

빅데이터
디지털 환경에서 생성되는 방대한 규모의 데이터로 기존의 방법이나 도구로 수집, 저장, 분석 등이 어려운 정형 및 비정형 데이터입니다.
여러분이 오늘 내용을 보거나 올린 문자, SNS, 영상 데이터도 벌써 빅데이터 안에 포함되었답니다. 놀랍고 신기하죠?

빅데이터 세상에서 잘못된 데이터 해석이 얼마나 위험할 수 있는지 심슨의 역설이 잘 보여주고 있습니다. 여러분이 살아갈 미래에는 지금보다도 많은 정보가 나오고 많은 사람들이 그 정보에 접근할 수 있습니다. 앞에서 말했듯이 미래사회는 이 많은 정보를 정확하게 분석하는 사람만이 살아남을 수 있는 시대인 것입니다. 실생활과 밀접한 문제상황에서도 정확한 문제 분석으로 판단을 정확하게 하여 문제를 해결해 나아갈 수 있는 능력이 이 시대에 가장 필요한 능력입니다. 이러한 능력을 키워주는 학문이 생각하는 힘을 배우는 수학인 것입니다.

과거의 사람들보다 여러분이 더욱 제대로 수학을 공부해야 하는 이유입니다. 이제 단순히 문제풀이 중심의 수학공부를 벗어나서 그 개념을 배우는 이유와 그 내용이 어떻게 사용되는지 스스로 물어보고 스스로 답할 수 있어야 합니다.

이제 수학을 공부해야 하는 이유를 알았으니 수학을 공부하는 방법을 알려드리겠습니다. 미래에 살아가는 힘을 가르쳐 주는 수학, 여러분 아직 늦지 않았습니다.

2. 수학의 역사

여러분은 가끔 수학을 배우면서 어렵다고 느끼거나 이것을 왜 배우고 있지 하는 생각이 들 때가 있을 것입니다. 다른 과목에 비해 쓰임새가 명확해 보이지 않고 배우는 내용이 어렵게 느껴지기 때문입니다. 수학적 내용이 어렵게 느껴지는 것은 수학이라는 학문이 인류의 역사와 더불어 시작되었다고 할 만큼 오래 되었기 때문입니다. 철학만큼 어려운데는 다 이유가 있습니다. 인류 역사의 기록과 같이 긴 역사를 가진 수학을 12년 학교 수학교육에서 배우고 있으니 여러분은 정말 대단한 일을 하고 있는 것입니다. 어렵게 느끼는 것이 당연할 지도 모릅니다. 하지만, 수학의 역사를 차근차근 집어보고 수학적 내용이 왜 나왔는지를 알면 여러분이 배우는 수학에 좀 더 흥미가 생기지 않을까요? 천천히 한 번 살펴보겠습니다.

수학은 어떻게 시작되었을까요?

모든 학문은 현실적으로 필요에 의해서 생겨났다고 할 수 있듯이 수학 역시도 현실적인 필요에 의해서 시작되고 발전한 것이라고 할 수 있습니다. 수학적 개념들이 언제부터 자연에 존재했는지에 대해서는 답하기 어렵지만, 체코슬로바키아에서 발견된 약 3만 년 전에 만들어진 55개의 깊은 칼자국이 있는 어린 늑대 뼈와 같은 유물들을 통해서 이미 초기 수 개념이 생겨났다는 것을 확인할 수 있습니다. 또한 선사 시대의 유적 중에는 문자가 없던 이 시기에 이미 별을 이용하여 측량을 하는 수학적인 지식이 있었음을 보여주는 그림이 남아있기도 합니다. 또한, 기원전 2만 년 전에 제작된 골각기가 계산에 사용되었다고 추정되고 있으며, 콩고인근에서 발견한 이상고 뼈 등으로 수의 연산에 대한 초기 개념이 존재했음을 확인할 수 있습니다.

이상고 뼈 (Ishango –)
비비의 비골에 몇 개의 수열이 기록된 것으로 계산에 사용된 것으로 추정됩니다.
발견한 지역이 국립공원 내의 이상고(Ishango)였기 때문에 이상고 뼈라는 이름이 붙었습니다.

(1) 초기의 수학(~ 기원전 1000년 경)

기원전 5000~3000년 사이에 기후가 온화하고 기름진 토지를 가진 큰 강 주변에 메소포타미아문명, 인더스문명, 이집트문명, 황하문명이라는 세계 4대 문명이 발생하였습니다. 특히 이런 지역들은 홍수를 통제하고 물 공급을 위한 기술 발달을 통해 농업의 발달이 가능하였으며 이를 기반으로 사회 계급이 발달되고 확립되면서 고대국가가 형성되기도 하였습니다. 이러한 지역 중 메소포타미아와 이집트 등 지역에서는 수와 기하를 중심으로 하는 수학이 발달되었습니다.

이집트의 경우에는 무더운 날씨가 계속 되고 비가 적게 내리기 때문에 사막지대가 되기 쉬운데 나일강은 일정한 시기에 상류로부터 물이 흘러와서 홍수가 나곤 했습니다. 이런 나일강의 범람은 토지를 기름지게 하여 농사가 잘 되는 장점도 있지만 문제점도 있기 때문에 여러 가지 준비를 해야 했습니다. 홍수가 시작될 시기를 정확히 알아야 하고 홍수가 지나간 다음 농토를 정리해야 하고 나일 강을 다스리기 위해 운하를 파고 둑을 쌓는 여러 가지 토목사업을 해야 했습니다. 따라서 당시에 이집트 사람들에게 필요한 지식과 기술은 기하를 기본으로 하는 수학적 지식이고 이를 통해서 이집트의 토지측량 기술이 발달하게 된 것은 어찌 보면 당연한 이야기입니다. 이집트인은 10진법을 사용했으며 삼각형과 원의 넓이, 정사각뿔대의 부피도 구할 수 있다고 전해집니다. 여러분이 중학교에서 배운 도형의 넓이는 고대 이집트인들도 구할 수 있는 것이였습니다.

메소포타미아의 수학은 이집트보다 훨씬 더 높은 수준이였던 것으로 알려져 있습니다. 이들은 60진법을 사용하였고 우리가 중학교에서 배운 미지수가 1개인 2차 방정식뿐만 아니라 고등학교에서 배울 미지수가 2개인 2차 방정식과 3차·4차 방정식까지 풀 수 있었다고 전해집니다. 그 당시 사람들이 풀 수 있는 문제라면 우리도 기원전 메소포타미아 사람들처럼 방정식을 풀 수 있어야 하지 않을까요?

(2) 그리스의 수학 – 논증 수학의 탄생

고대 초기의 수학이 위에서 설명한 것과 같이 수와 기하에 대해서 상당히 발달되었지만 현재 우리가 증명이라고 부르는 것에 대해서는 시도하지 않았습니다. 이렇게 정리를 증명하는 것을 논증 수학이라고 하는데 이런 논증 수학은 그리스에서 탄생되었습니다. 그리스의 수학은 유클리드 이전의 수학과 유클리드 이후의 수학으로 나눌 수 있습니다.

① **유클리드 이전의 그리스 수학**(기원전 1000 ~ 기원전 300년)

■ 탈레스(BC 624 ~ BC 545)

탈레스

서양 철학의 시조이고, 그리스의 논증 수학의 아버지이며, 그리스의 일곱 현인 중 하나인 탈레스는 이오니아학파의 대표입니다. 탈레스는 이집트 여행 중에 그곳 승려들로부터 실용적인 지식을 배운 뒤 수학과 철학에 몰두하여 그림자의 길이를 이용하여 피라밋의 높이를 계산했다고 합니다. 그는 실용적인 지식에 논증을 줌으로써 이론을 체계화하고, 이론에서 얻어진 지식을 다시 실용적인 문제에 적용한다는 그리스적인 학문 정신을 세운 사람으로 그가 발견한 탈레스의 정리를 몇가지 정리해보면 다음과 같습니다.

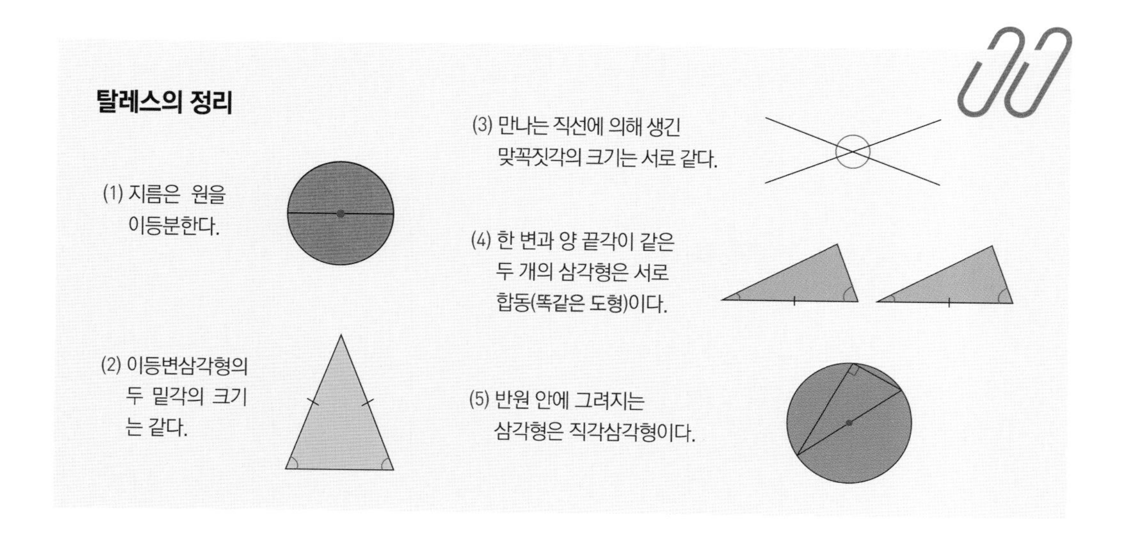

이 탈레스의 정리는 여러분은 중학교 때 교과서에서 배웠으며 이 중 몇 가지는 증명을 해 보았습니다.

■ 피타고라스(BC 580 ~ BC 500)

피타고라스

피타고라스는 여러분이 아는 가장 유명한 수학자들 중 한 사람일 것입니다. 피타고라스를 추종하는 제자들로 만들어진 피타고라스학파는 수학 중 수론과 기하학에 많은 업적을 남겼습니다.

피타고라스학파는 수에 관심이 매우 많았습니다. 피타고라스는 우주 자체가 수로 만들어졌으며, 수들이 실제의 현실적인 구조를 밑바탕으로 하고 있다고 믿었기 때문에 피타고라스 학파는 각 수가 특성과 의미를 가지고 있는 것으로 여겼습니다.

이런 수에 대한 관심으로 완전수, 친화수, 삼각수를 정의하고 정수론에 많은 업적을 남겼습니다. 피타고라스 학파는 무리수의 존재를 알고 있었지만 자신들의 지금까지 주장해 온 완전한 유리수의 세계를 부정하는 것이여서 히파수스에 의해 폭로될 때까지 비밀에 부쳤습니다.

또한 피타고라스학파는 기하에도 관심이 많아서 정다면체에 정사면체, 정육면체, 정팔면체, 정십이면체, 정이십면체가 있음을 발견하였습니다. 그리고 여러분이 알고 있는 피타고라스의 정리도 증명했습니다.

여러분이 중학교 때 배운 피타고라스의 정리는 다음과 같습니다.

완전수
자신을 제외한 약수들의 합이 자기자신이 되는 자연수. 예를 들어 6의 약수가 1,2,3,6. 6=1+2+3이므로 6은 완전수입니다.

친화수
한 수의 진약수를 모두 더하면 다른 수가 되는 두 수.
220=1+2+4+71+142
284=1+2+4+5+10+11+20+22+44+55+110
이므로 220과 284는 친화수입니다.

삼각수
정삼각형 모양을 이루는 점의 개수. 1,3,6,10은 삼각수입니다.

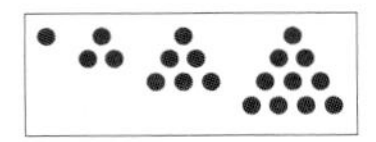

피타고라스의 정리

직각삼각형에서 직각을 낀 두 변의 길이를 각각 a, b라고 하고, 빗변의 길이를 c라고 하면 $c^2 = a^2 + b^2$이 성립한다.

피타고라스의 정리 증명에는 300가지 이상의 방법이 존재한다고 알려져 있습니다. 중학교에서 여러분이 배운 피타고라스의 정리 증명은 유클리드의 기하학 원론에 나온 증명입니다. 피타고라스는 유클리드 이전의 수학자이기 때문에 실제로 피타고라스가 한 증명과는 다르겠지요? 피타고라스의 정확한 증명은 문헌으로 남아있지 않지만, 피타고라스의 증명 방법에 대한 가장 유력한 가설은 닮음비를 이용하는 것으로 알려져 있습니다.

그러나 피타고라스 정리가 평면 기하에서 가장 의미 있는 정리 중의 하나인 것은 변함없는 사실입니다.

■ 제논(BC 495? ~ BC 430?)

고대 그리스 엘레아 학파의 철학자 제논은 스승인 파르메니데스의 일원성과 불변에 대한 타당성을 곧바로 증명하는 대신 이를 비판하는 견해가 참이라고 가정했을 때 생길 수 있는 모순을 드러내는데 주력했습니다. 상대 논리의 허점을 지적하기 위한 제논의 역설들 중 가장 대표적인 것은 여러분도 잘 아는 〈아킬레스와 거북이의 역설(Achilles and the tortoise paradox)〉입니다.

제논

아킬레스와 거북이의 경주

아킬레스와 거북이가 달리기 시합을 하려고 합니다. 아킬레스는 그리스 신화에 나오는 전사로서 달리기가 빠르기로 유명한 만큼 거북이보다 1000배 빠르게 달릴 수 있다고 합니다. 거북이가 달리는 속도가 느리므로 아킬레스보다 1000미터 앞에서 출발한다고 합시다. 아킬레스가 거북이가 출발한 위치까지 오면, 그 동안 거북이는 1미터 앞으로 나아가 있을 것입니다. 이 1미터를 아킬레스가 따라잡으면 그 동안 거북이는 1/1000미터 나아가 있을 것입니다. 또한 이 1/1000미터를 아킬레스가 따라잡으면 그 동안 거북이는 1/1000000미터 나아가 있을 것입니다. 이처럼 아킬레스가 앞서가는 거북이의 위치를 따라잡는 순간 거북이는 항상 앞서 나가 있으므로 아킬레스는 영원히 거북이를 따라잡을 수 없습니다!

그러나 실제로는 아주 쉽게 아킬레스가 거북이를 따라 잡을 수 있으므로 제논의 주장이 옳지 않음을 알고 있습니다. 하지만 그 당시 수학자들은 제논의 역설이 어디가 잘못되었는지 설명해보라고 하면 제대로 설명할 수 없었습니다.

제논의 역설은 아무리 작은 수라고 해도 영원히 반복해서 더하면 그 양이 무한히 많아진다고 생각한 데 있습니다.

즉, 제논은 $1+\frac{1}{2}+\frac{1}{3}+\frac{1}{4}+\frac{1}{5}+\cdots > \infty$ 이 되는 경우만을 가지고 이야기했지만 $1+\frac{1}{2}+\frac{1}{4}+\frac{1}{8}+\frac{1}{16}+\cdots = 2$ 처럼 작은 값을 가지는 항을 무한히 더해서 일정한 값에 수렴하는 경우가 있음을 당시 수학자들은 설명할 수 없었습니다.

사실인 듯 하기도 하고 아닌 듯 하기도 한 이 제논의 역설은 무한등비급수가 일정한 값에 수렴할 수 있다는 사실이 뉴턴, 코시 등 저명한 수학자들에 의해 이론적으로 입증되기 전까지 약 2000년 이상 수학자들을 괴롭혔습니다. 제논의 역설은 19세기 말 독일의 수학자 칸토어가 무한집합론에서 그 내용의 최종 해답을 내놓았습니다. 여러분은 극한을 배우고 나면 제논의 논리가 왜 역설인지를 설명할 수 있게 될 것입니다.

② 유클리드와 그 이후의 그리스 수학(BC 300 ~ AD 0)

■ 유클리드(BC 330? ~ BC 275?)와 기하학 원론

B.C. 3세기 전반에 활약한 그리스의 수학자로 기하학의 창시자입니다. 그의 생애는 명확하게 알려져 있지 않지만 플라톤 아카데미에서 공부를 하고 아리스토텔레스의 학문에 접했을 가능성이 크다고 알려져 있습니다. 유클리드의 가장 큰 업적은 총 13권으로 구성된 기하학 원론을 우리에게 남긴 것입니다. 기하학 원론에는 유클리드의 독창적인 내용은 별로 없지만 이전의 수학자들이 알고 있던 내용을 집대성 했고 5개의 공리와 5개의 공준으로 465개의 정리들을 유도하여 증명해 놓았습니다. 일정한

기하학 원론(그리스어로 스토이케이아)
13권으로 이루어진 세계 최초의 수학 교과서.
· 1권~4권 : 평면기하학
· 5권~10권 : 수론
· 11권~13권 : 공간기하학

공리로부터 결과를 이끌어내는 논리적인 전개는 공리 체계를 바탕으로 하는 근대수학에 많은 영향을 끼쳤습니다.

여러분이 어려워하는 증명이 기원전에 이미 시작되었다는 사실은 놀랍지 않나요? 특히 여러분이 중학교 때 배운 도형은 유클리드의 기하학 원론을 바탕으로 한 증명이였습니다. 오늘부터라도 증명은 너무 힘들고 재미없는 부분이라고 생각하지 말고 과거로의 시간여행을 떠나서 유클리드와 대화를 한다고 상상해 보면 증명이 그렇게 어렵게 만은 느껴지지 않을 겁니다.

■ 아르키메데스(BC 287? ~ BC 212)

고대 그리스의 수학자 중 가장 위대한 수학자 한 명이 바로 아르키메데스입니다. 여러분이 알고 있는 물리학이나 수학에 관련된 법칙 중 아르키메데스가 발견한 법칙이 여러 가지 있습니다. 아르키메데스와 관련된 여러 가지 일화가 중 하나가 아르키메데스의 원리를 발견하고 '유레카'를 외친 이야기입니다.

시칠리아의 왕은 자신이 받은 왕관이 순금으로 만든 것인지, 아니면 은이 섞인 왕관인지를 알아내고자 아르키메데스에게 이 문제를 해결하도록 요청했습니다. 그렇지만 금속을 녹여 왕관을 망가뜨리지 않고 이 문제를 풀 수 없었던 아르키메데스는 목욕을 하던 중 자신이 물속에 들어가자 수위가 높아진다는 점에 알게 되었고, 왕관을 물속에 넣어 무게를 달아 보면 황금의 밀도를 측정할 수 있다는 사실을 깨달았습니다. 이 발견에 흥분한 나머지 그는 "유레카!"라고 외치며 알몸인 채 거리로 달려 나갔다고 하는 이야기는 여러분도 이미 알고 있을 겁니다.

또한 아르키메데스는 기술에 재능이 있어서 여러 가지 물건을 많이 만들었습니다. 나선을 응용해서 만든 '아르키메데스의 나선식 펌프'는 지금도 관개용 양수기로 사용되고 있으니 그의 기술적 재능이 얼마나 뛰어난

아르키메데스의 원리
물체는 물속에서 그와 같은 체적의 물의 무게만큼 가벼워지는 부력에 대한 원리입니다.

유레카
그리스어로 '알았다' 또는 '찾았다' 라는 뜻이지요.

것인지 알 수 있겠죠?

또한 지렛대를 응용하여 투석기, 기중기 등 각종 신무기를 고안했으며 '지렛대의 반비례 법칙'을 발견하여 왕에게 "긴 지렛대와 지렛목만 있으면 지구라도 움직여 보이겠다"고 장담한 일화도 여러분이 들어보셨을 겁니다.

아르키메데스는 이런 물리학적 업적 말고도 수학에 관한 여러 저서를 남겼는데, 그 중 가장 유명한 것은 원과 구에 관한 연구입니다.

아르키메데스는 원을 연구하던 중 원주율(π)을 발견하고 원주율을 최대한 정확하게 구하려고 노력하였습니다. 그는 원에 내접하는 정96각형과 원에 외접하는 정96각형을 이용하여 $3.1408 \cdots < \pi < 3.1428 \cdots$ 을 증명하였고 원주율을 소수 둘째 자리까지 정확히 구했습니다.

또 아르키메데는 반지름 r인 원의 면적이 πr^2, 반지름 r인 구의 겉면적이 $4\pi r^2$, 구의 부피가 $\frac{4}{3}\pi r^3$임을 증명하여 "구에 외접하는 원기둥의 부피는 그 구 부피의 1.5배이다"라는 정리를 발견하였습니다.

그는 죽는 순간까지도 단순한 기술자가 아닌 기하학자로서의 면모를 보여 주었습니다. 아르키메데스는 수학적 작도에 몰두하여 다가오는 사람이 로마 병사인 줄 모르고 떠나라는 명령을 무시했기 때문에 로마 병사에게 죽음을 당했다고 전해지고 있습니다.

원주율(π)

원의 둘레를 l, 원의 반지름을 r이라고 하면 원주율은 $\frac{l}{2r}$ 입니다.
π = 3.14159265358979…로 무리수입니다.

다음 그림은 아르키메데스의 묘비에 새겨진 그림으로 반지름이 r인 원의 부피는 $\frac{4}{3}\pi r^3$이고 그에 외접하는 원기둥의 부피는 $2\pi r^3$이므로 구에 외접하는 원기둥의 부피는 그 구 부피의 $\frac{3}{2}$ 배이다 라고 한 아르키메데스의 정리를 그림으로 보여준 것입니다.

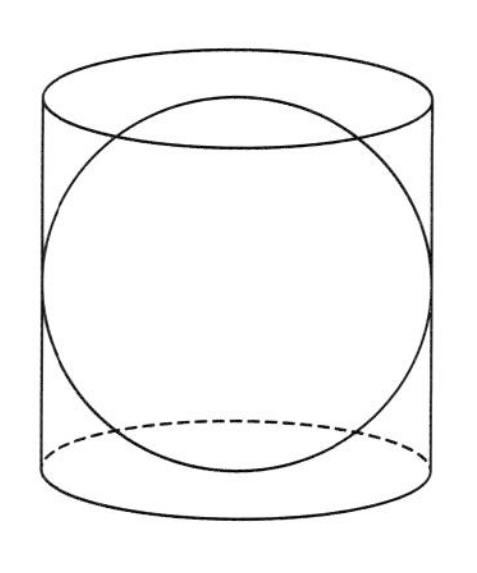

■ 아폴로니우스(BC 262 ~ BC 190)의 원뿔곡선론

아폴로니우스는 유클리드, 아르키메데스와 함께 그리스의 3대 수학자로 부르는 천문학자이자 뛰어난 수학자입니다. 아폴로니우스의 생애는 젊은 시절 여러 지역을 돌며 유학을 했다는 정도 밖에 알려져 있지 않지만 아폴로니우스의 위대한 업적은 원뿔곡선론(Conic Section)이라는 책을 우리에게 남긴 것입니다.

아폴로니우스는 원뿔의 단면에 호기심이 생겨서 직접 잘라보기 시작하였습니다. 이전의 그리스의 수학자들이 연구한 원뿔곡선과는 다르게 원뿔을 자를 때 나오는 원뿔 축에 대한 평면의 기울기가 모선의 기울기에 비해 작은가, 같은가, 큰가에 따라서 나눌 수 있다는 사실을 발견하였고 작은 경우는 타원(ellipse), 같은 경우는 포물선(parabola), 큰 경우는 쌍곡선(hyperbora)이라고 정의하여 이들의 성질을 연구하였습니다. 그가 원뿔을 자른 행위를 위대한 절단이라고 불리는 이유는 여기에 있습니다.

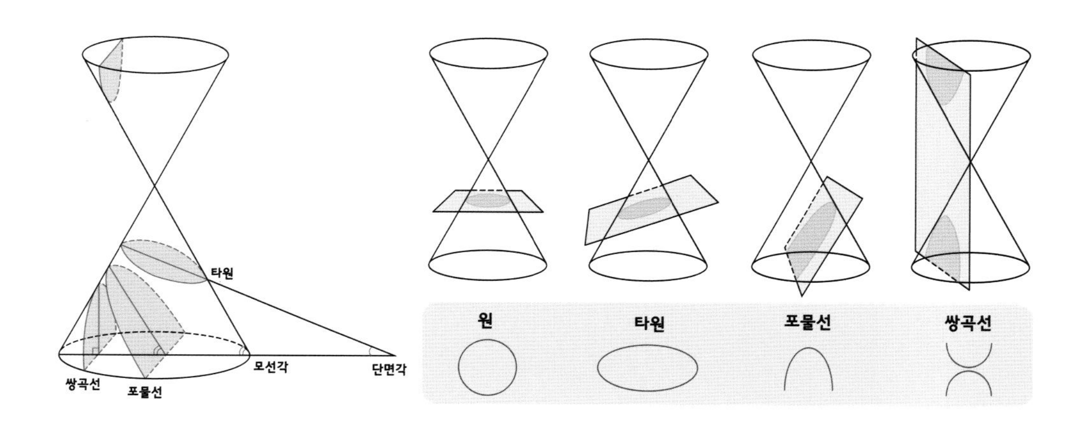

아폴로니우스가 연구한 원뿔곡선은 17세기에 이르러 수학과 과학이 발전하면서 관심을 받기 시작했습니다. 케플러가 태양계의 행성들이 타원 궤도를 돈다는 사실을 발견하였고, 갈릴레이는 던져 올린 물체는 포물선 운동을 한다는 사실을 증명하였으며, 토리첼리는 회전체의 부피는 쌍곡선을 이용하여 구할 수 있다는 사실을 밝혀내기도 했습니다. 만약 원뿔곡선에 대한 그리스 사람들의 연구가 없었다면 케플러, 갈릴레이, 토리첼리는 자신들의 연구결과를 어떻게 설명할 수 있었을 지가 궁금해집니다. 원뿔 단면에서 태어난 아폴로니우스의 이론은 현대에 와서는 이차곡선으로 표현하여 수학적 계산에 활용되기도 하고 파라볼라안테나, 미사일, 인공위성 암호 등 실생활에 널리 쓰이고 있습니다. 여러분은 고등학교에서 기하란 과목을 공부하면 아폴로니우스가 연구한 원뿔곡선의 다양한 성질을 알게 될 것입니다.

(3) 중국, 인도와 아라비아 수학

① 중국의 수학

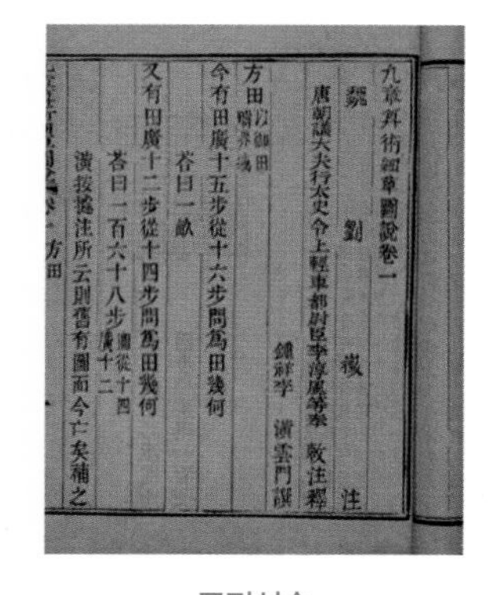
九章算術細草圖說卷一
魏 劉 徽 注
唐朝議大夫行太史令上輕車都尉臣李淳風等奉 敕注釋
鍾祥李 潢雲門譔
方田 以御田疇界域
今有田廣十五步從十六步問為田幾何
荅曰一畝
又有田廣十二步從十四步問為田幾何
荅曰一百六十八步 圖從十四 廣十二
潢按徽注所云則舊有圖而今亡矣補之

구장산술

고대 중국은 그리스문명처럼 알려진 유명한 수학자는 없지만 현존하는 고대 수학서중 하나인 『구장산술』이 있습니다. 저자와 저작연대는 확실하지 않지만 한나라 시대 어느 부인의 무덤에서 구장산술의 내용이 나온 것으로 보아 엄청난 역사를 가진 책이라고 추측할 수 있습니다.

동양의 수학에서 차지하는 『구장산술』의 위치는 유클리드의 『기하학 원론』에 견줄 정도로 막강하며 동남아시아 뿐만 아니라 심지어 인도의 수학에도 커다란 영향을 미쳤습니다.

구장산술은 산술에 관한 아홉 개의 장이라는 이름처럼 도형의 넓이와 부피, 농업, 경제학, 공학, 세금징수, 계산, 방정식의 풀이법, 직각삼각형의 성질에 관해서 아홉 개의 장으로 나누고 246개의 문제를 다르고 있습니다. 구장산술의 방정식의 풀이법에는 연립 일차 방정식, 이차방정식을 해결하는 문제를 다루고 있답니다. 여러분이 공부하는 이차방정식이 구장산술에 적혀있다는 사실이 놀랍지 않나요?

② 인도의 수학

인도 수학의 가장 큰 업적 중 하나는 바로 0의 발견입니다. 지금 우리가 쓰는 10진법은 인도에서 완성된 뒤 전파되었다고 알려져 있습니다.

로마숫자와 다르게 아라비아숫자는 숫자의 위치에 따라 그 크기가 달라집니다. 이것이 가능하게 된 것이 바로 0의 발견 때문입니다. 이미 고대인들은 아무 것도 없음을 나타내는 기호를 만들었지만 다른 수들을 정확한 위치에 표기하기 위해 일종의 구분자 역할을 하는 기호가 필요하다는 것을 고민했습니다. 이 역할을 0이 하고 있을 뿐만 아니라 0이 실제 수임을 인도인들은 알고 있었습니다.

아리아바타(476~550)가 쓴 유명한 《아리아바티야》란 책에 나온 '자릿수 각각은 앞의 자리수의 열 배이다'라는 그의 말은 자릿수 원리를 염두에 두었다는 사실을 알려주고 있습니다. 또한 이 책에는 0이나 10진수에 해당하는 숫자가 사용되고 있습니다.

0에 대한 연구를 문서로 남긴 최초의 인물은 인도 수학자 브라마굽타(598~665?)였습니다. "0은 같은 두 수를 뺄셈하면 얻어지는 수"라고 0에 대한 정의가 내려져 있습니다. 만약 인도에서 0이 발견되어 세계로 전파되지 않았다면 수학이 이렇게 발전할 수 없었을 것입니다.

③ 아라비아 수학

아라비아인들은 그들이 정복한 이웃 나라에서 학문을 빠르게 받아들여서 여러방면에 뛰어난 발전을 이루었습니다. 마찬가지로 아리비아수학은 인도수학과 그리스수학을 바탕으로 아라비아에서 발달한 수학입니다. 초기 아라비아 수학은 인도수학의 영향을 강하게 받았으며 후에는 그리스 수학자 유클리드, 아폴로니우스, 디오판토스의 저서가 아랍어로 번역되어 영향을 받았습니다. 이처럼 아라비아 수학은 인도와 그리스 수학을 바탕으로 발전했지만 그리스의 논증적인 수학보다는 인도의 대수적 방법에 영향을 받아서 계산술 방면에 뛰어난 업적을 남겼습니다.

아라비아숫자

현재 우리가 사용하여 있는 1, 2, 3, 4, 5, 6, 7, 8, 9, 0. 원래 인도에서 생겼지만 아라비아인이 유럽으로 전했기 때문에 이 이름이 생겼습니다. 15세기 말에 이르러 지금의 모양을 하게 되었으며, 인도-아라비아 숫자라고도 합니다.

(4) 중세 수학

① 6세기 11세기 암흑시대

중세 유럽은 수학이 크게 발전할 수 있는 분위기가 아니였습니다. 당시의 시대상에 따라 기독교가 절대적인 지배권을 가지고 있었으며 모든 학문은 교회의 학교에서 가르쳤으므로, 6세기에서 11세기에 이르는 수학은 종교수학, 교회수학이라 불리는 성격을 띠게 되었습니다.

그리하여 그리스 문명의 중심이었던 수학은 논증적 수학에 대한 학문적 전통이 끊어지고, 신에 결부되는 경향이 강해졌습니다. 학문에 전념하기 위한 시간과 기회를 가진 사람들의 수가 적어지고 학문에 대한 지원이 줄어들면서 교육 수준이 낮아지는 시기가 되었습니다.

② 13세기와 피보나치(Fibonacci : 1170~1250)

Quiz

토끼 암수 한 쌍이 달마다 토끼 암수 한 쌍을 낳고 태어난 암수 한 쌍의 토끼는 성장하여 두 번째 달부터 암수 한 쌍의 토끼를 낳기 시작합니다. 토끼들은 절대로 죽지 않는다고 하면 한 해 동안 몇 쌍의 토끼가 있을까요?

위와 같은 문제를 들어본 적이 있나요?

이 문제를 풀기 위해서 그림으로 그려보면 한 해 동안 몇 쌍의 토끼가 생겨났는지 알 수 있습니다.

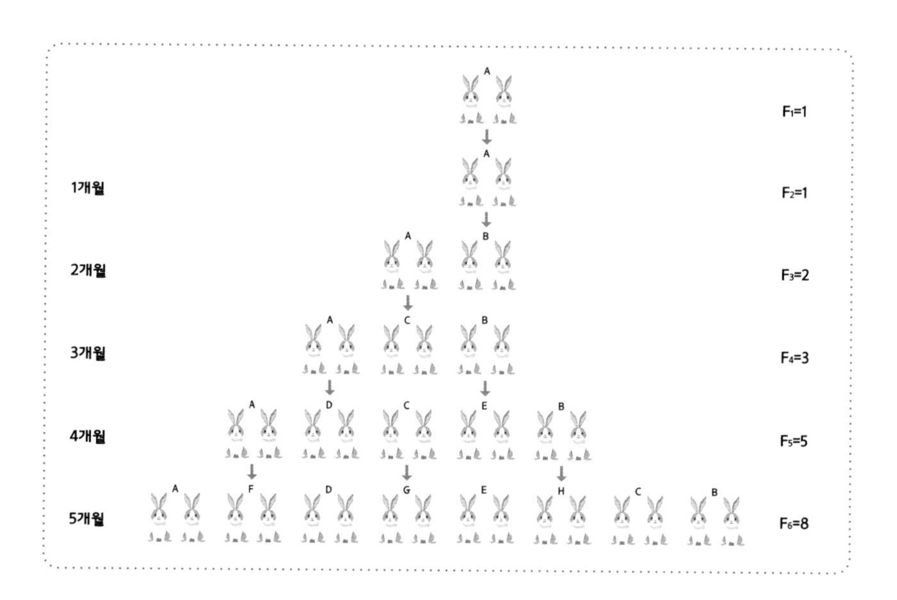

이 유명한 문제의 결과는 1, 1, 2, 3, 5, 8, 13, 21, 34, 55, …과 같이 피보나치 수열을 이룹니다. 이와 같이 처음 두 항을 1과 1로 한 후, 그 다음 항부터는 바로 앞의 두 개의 항을 더해 만드는 수열을 피보나치 수열이라

고 하고 이 수열에 나타나는 수들을 피보나치 수라고 합니다. 실제로 인접한 두 피보나치 수의 비율은 $\frac{3}{2} = 1.5$, $\frac{21}{13} = 1.6153 \cdots$, $\frac{55}{34} = 1.6176 \cdots$와 같이 되는데 이 비는 황금비와 거의 가까워지고 있습니다.

황금비

인간이 생각하는 가장 아름다운 비로 $\frac{1+\sqrt{5}}{2} : 1$ 을 뜻하며 이 비의 근사값은 1.618 : 1 정도가 됩니다.

(5) 17세기 수학– 근대 수학의 여명기

① 네이피어(J.Napier : 1550~1617)**와 로그의 발견**

과학과 수학은 어느 것이 먼저 발달했을까요? 수학이 비록 사고의 학문이고 과학이 실용의 학문이지만, 과학적 필요에 의해서 수학이 발달한 경우도 많습니다. 그러한 예로 로그가 있습니다. 15세기 이후에 천문학이 발달하면서 엄청나게 큰 수를 계산해야 할 일이 많이 생겼습니다. 하지만 당시에는 천문학에서 쓰이는 큰 수를 계산할 방법이 없어서 과학자들에게 큰 수의 계산은 커다란 골칫거리로 떠올랐습니다. 이러한 문제는 16세기 스코틀랜드 출신의 수학자인 존 네이피어가 천문학에서 다루어야 하는 큰 수의 계산을 간단하게 할 수 있는 방법을 고안하던 중에 로그(logarithm)의 원리를 발견함으로써 해결되기 시작했습니다. 로그가 발견되지 않았다면 과학이 이렇게 발전하지 못했을 것이며 지금도 2^{100}을 $2\times2\times2\times\cdots\times2$ 이렇게 계산하고 있을 지도 모릅니다.

2^{100}은 몇 자리수인가요? (단, log2 = 0310)

$\log 2^{100}$

$= 100\log^{2}$

$= 100 \times 0.3010$

$= 30.10$ 이므로 2^{100}은 31자리 정수입니다.

② 갈릴레오(Galilei, G. : 1564~1642)의 역학과 케플러(Kepler : 1571~1630)의 행성의 운동법칙

갈릴레오와 케플러는 위대한 과학자이자 수학자입니다. 네이피어의 로그에서도 이야기했듯이 이 당시 수학과 과학은 상호보완하며 서로 발전하였습니다. 갈릴레오는 그의 역학을 설명할 때 수학을 본격적으로 사용하였고 유명한 천문학자 케플러는 태양계의 모든 행성이 태양을 하나의 초점으로 하는 타원궤도에 따라 운동한다는 행성의 운동법칙을 발견하였고 축을 따라 원뿔곡선을 회전시켰을 때 얻어지는 입체의 부피를 계산하였습니다.

③ 해석기하학의 발견

■ 데카르트(Descartes, R. : 1596~1650)

여러분은 데카르트라고 하면 위대한 철학자를 떠올릴 것입니다. 프랑스의 대표적인 철학자 데카르트는 앞에서 수학이 생각하는 힘을 길러주는 학문이라고 말했듯이, 철학자로서 연역적 추론방법에 대해 연구했을 뿐만 아니라 수학자로도 수학사에 길이 남을 업적을 남겼습니다.

데카르트

"나는 생각한다 그러므로 나는 존재한다"
라는 말을 남긴 철학자이자 수학자

데카르트 이전의 기하학은 유클리드 기하학으로 도형 자체의 넓이, 부피 등을 계산하는 것이였습니다. 즉 데카르트가 나타나기 전까지는 수는 수이고 도형은 도형이였지만, 데카르트는 좌표라는 개념을 써서 수를 직선위의 점으로 나타냄으로써 수와 도형을 만나게 하였습니다. 데카르트는 점을 두 개의 좌표를 써서 나타내고 직선과 곡선은 방정식을 써서 표현하고 좌표축에 나타냄으로써 해석기하학이라는 기하학의 신기원을 열었습니다.

우리가 고등학교 1학년 때 배우는 도형의 방정식은 바로 데카르트에 의해서 만들어 졌다고 할 수 있습니다.

■ 페르마(Fermat, P. : 1601~1665)

페르마

프랑스의 수학자이자 정치가인 페르마는 취미 생활로 수학을 공부하고 수많은 수학자들과 교류를 했다고 전해지고 있습니다. 좌표를 구상하고 방정식을 만족시키는 점들의 모임으로 직선과 곡선을 보는 점은 데카르트와 같습니다. 하지만 데카르트가 역학적 운동으로서의 곡선의 방정식을 찾으려 한 반면에 페르마는 대수적 방정식을 만족시키는 다양한 곡선을 찾았습니다.

흔히 미분법은 뉴턴, 적분법은 라이프니츠가 창시했다고 알려져 있지만, 해석기하학을 연구한 페르마는 이들보다 앞서 이미 미적분에 대한 개념을 가지고 있었습니다. 페르마의 연구가 바로 뉴턴의 미분법으로 이어진 것으로 알려져 있습니다. 데카르트와 페르마는 해석기하학의 창시자로 불리게 되는데 이 해석기하학을 바탕으로 미적분학이 발견되게 됩니다.

페르마의 업적은 해석기하학, 정수론, 미적분학, 확률론에 이르기까지 다방면에 걸쳐 있습니다.

페르마의 마지막정리

n 이 3 이상의 정수일 때, $x^n + y^n = z^n$을 만족하는 양의 정수 x, y, z는 존재하지 않는다.

모든 수학자에게 좌절을 주었던 이 정리는 페르마가 죽은 후 350년이 지나서야 증명되었습니다.

	유클리드 기하학	해석기하학
평면 (2차원)		
공간 (3차원)		
특징	일반적인 도형	좌표축 위에 있는 도형

④ **미적분학의 발견**

■ 뉴턴(Newton, I. : 1642~1727)

뉴턴

여러분은 뉴턴이 이룬 업적을 알고 계시나요? 맞습니다. 여러분도 알다시피 뉴턴은 떨어지는 사과를 보고 만유인력의 법칙을 발견한 천재물리학자입니다. 그런데 뉴턴은 수학적으로도 대단한 업적을 남긴 위대한 수학자이기도 합니다. 뉴턴과 라이프니츠 이전의 수학세계는 움직이지 않는 도형과 수의 세계를 다루었지만 과학이 발전하면서 움직이는 물체에 대한 수학적 해석이 필요하게 되었습니다. 뉴턴은 물리학자이기 때문에 운동법칙을 기술하는데 필요한 미적분을 구상하였습니다. 운동법칙에는 평균 가속도가 아닌 순간 가속도가 필요했고 순간 가속도를 구하는 방법이 바로 지금의 미분법입니다. 하지만 뉴턴은 미분법이라는 용어를 사용하지 않고 유율법이라는 용어를 했습니다. 또한 뉴턴은 접선과 곡선의 넓이에 대해 연구하기 시작하여 미적분에 관한 근본 원리를 발견하였습니다.

뉴턴의 만유인력의 법칙

질량을 가진 모든 물체는 두 물체 사이에 질량(m, m')의 곱에 비례하고 두 물체의 사이 거리(r)의 제곱에 반비례하는 인력이 작용한다는 법칙.

$$\mathrm{F} = \mathrm{G}\frac{m\,m'}{r^2}$$

■ 라이프니츠(Leibniz, G.W : 1646~1716)

뉴턴과 라이프니츠 중 누가 미적분을 발명했는가는 많은 수학자들의 관심사였습니다. 비슷한 시기에 활동한 이 두 수학자는 움직이는 세계에 대한 해석이 필요한 시대의 흐름에 각자 다른 방법으로 움직이는 물체를 해석해 내었으니까요.

두 사람이 발전시킨 미적분학은 큰 틀에서는 같았지만 구체적인 내용에서는 조금 다른 점이 존재합니다. 미적분법에서는 어떤 수를 0에 가까운 아주 작은 수로 나누는 것이 필요한데 이것을 어떻게 표현하느냐의 문제에 직면하게 됩니다. 뉴턴은 이러한 어려움을 피해가기 위해 유율법이라는 방법을 사용했지만 라이프니츠는 작은 양들 사이의 비율을 나타내기 위해 우리가 현재 사용하는 $\frac{dy}{dx}$ 형태의 표기법을 발전시켰습니다. 수학을 이용하여 물리학을 설명한 뉴턴과는 다르게 라이프니츠의 최대 업적은 극대, 극소, 무한소 해석 등 수학 연구에 매진하였고 미적분학을 개발하고 이를 널리 알린 것 입니다. 여러분이 2학년 때 배울 미적분 기호는 바로 라이프니츠가 고안한 기호입니다.

(6) 18세기 수학 – 미적분학의 발전기

① 베르누이 일가

18세기 수학은 17세기에 만들어진 미적분학의 발전 시대였습니다. 이 시대에 대표적인 학자로는 베르누이 일가가 있습니다. 스위스의 베르누이(Bernoulli) 일가는 인류 역사상 유래를 찾을 수 없는 수학 천재 가문입니다. 이 집안은 17세기~18세기에 3대에 걸쳐 8명의 거장 수학자를 배출하였고, 그 중에 3명은 수학사에 길이 남을 업적들을 남겼습니다. 베르누이 일가에서 요한 베르누이(1667~1748)와 야곱 베르누이(Bernoulli, J., 1654~1705)가 처음으로 라이프니츠의 미적분학을 응용하였으며 요한 베르누이의 아들인 다니엘 베르누이(1700~1782)는 『현의 진동론』이라는 저서에서 현의 진동문제를 다루면서 편미분방정식의 이론을 유도하였으며 삼각급수의 해를 구하는 업적을 남겼습니다. 한 사람의 위대한 수학자가 나오기도 힘든데 베르누이 일가는 정말 대단하죠?

② 오일러(Euler, L. : 1707~1783)

스위스의 수학자이자 물리학자인 오일러는 수학분야 뿐만 아니라 과학, 의학, 식물학 등 많은 분야에 걸쳐 광범위하게 연구한 천재 수학자입니다. 후에 시력을 잃고 시각장애인이 되었으나 천부적인 기억력과 강인한 정신력으로 뉴턴과 라이프니츠가 연구한 미적분학의 연구를 계속하였고 실수 범위에서 정의된 일반적인 함수와는 다른 함숫값으로 복소수를 가질 수 있는 함수의 극댓값, 극솟값 등을 연구하는 미적분학을 발전시키는 큰 역할을 했습니다.

오일러

또한 오일러는 복소수와 삼각함수, 지수함수를 연결하는 다리 역할을 한 오일러 공식, 자연로그 상수인 오일러의 수, 도형에서 면, 꼭짓점, 모서리의 관계를 밝힌 오일러 법칙 등 대수학·정수론·기하학 등 여러 방면에 걸쳐 큰 업적을 남겼습니다.

오일러 공식

$e^{ix} = \cos x + i \sin x$

$e^{i\pi} + 1 = 0$

오일러 수

$e = \lim_{n \to \infty} (1 + \frac{1}{n})^n$

오일러 법칙

결정면의 수(F) + 꼭짓점의 수(S) = 모서리의 수(E) + 2

(7) 19세기와 그 이후의 수학

① **가우스**(Gauss, K. F. : 1777~1855)

가우스

19세기의 수학은 프리드리히 가우스로 시작하였다고 볼 수 있습니다. 가우스는 독일의 브룬스비크에서 노동자의 아들로 태어나서 어려서 무척 가난했지만 어머니의 도움으로 공부를 할 수 있었습니다. 가우스에 얽힌 유명한 일화는 여러분도 들어본 적이 있을 것입니다. 가우스는 초등학교 수업시간에 1부터 100까지 자연수를 모두 더하라는 선생님의 질문에 처음의 수와 끝을 묶어서 101를 50번 만들어 5050이라는 값을 빠르게 찾아내기도 했답니다. 이렇듯 가우스는 새로운 것을 발견해 나가는 것을 좋아해서 수학적 연구를 계속해 나갔습니다.

여러분이 고등학교에 와서 배우는 고차방정식의 해의 개수도 실수를 계수로 갖는 n차 방정식은 복소수 범위에서 n개의 해를 갖는다는 것을 엄밀하게 증명해 낸 가우스의 업적이기도 합니다. 자와 콤파스로 2000년 동안 아무도 풀지 못했던 정17각형에 대한 작도법을 발견하였고, 이에 대해서 일반화하였습니다. 또한 정수론, 대수학, 기하학 등 많은 분야에서 대단한 업적을 남겼습니다.

가우스가 초등학교 때 한 계산법

$$1+2+3+\cdots+100$$
$$=(1+100)+(2+99)+(3+98)+\cdots+(50+51)$$
$$=101\times 50=5050$$

19세기와 그 이후의 수학은 위대한 수학자들이 다양한 분야에서 놀라운 업적을 이루었습니다. 21세라는 젊은 나이에 죽음에 이른 갈루아의 군론, 미적분학을 완성한 코시, 리만의 리만가설, 칸토어의 집합론, 유클리드 기하학에서 평행한 두 직선은 만나지 않는다는 공리를 부정한 비유클리드 기하학, 힐베르트의 수학기초론 등으로 설명할 수 있습니다. 특히, 비유클리드 기하학의 발견은 2000년 간 지속되었던 유클리드 기하에 대한 인식을 바꾸어 놓았습니다.

여러 분야 중 공간에 대한 인식을 바꿈으로써 알베르트 아인슈타인(Albert Einstein)의 일반상대성이론(general theory of relativity)의 기초가 되기도 했습니다. 지금도 세계의 곳곳에서는 현대수학의 다양한 분야를 수학자들이 연구하고 이 수학 이론들이 많은 과학 분야의 발전에 이바지하고 있습니다.

3. 고등학교 수학에서 무엇을 배우나요?

여러분은 고등학교 수학시간에 무엇을 배우는지 아시나요? 지피지기이면 백전백승이라는 말이 있습니다. 여러분이 고등학교에 와서 무엇을 배울지 미리 알면 중학교 때 부족했던 부분 중 고등학교에서 다시 배우게 되는 부분을 알게 되어 복습을 할 수도 있고 예습하기도 편하기 때문입니다.

여러분은 2015 개정 교육과정으로 바뀐 수학을 공부하게 됩니다. 2015 개정 교육과정으로 배운 내용은 2021학년도 수능부터 적용됩니다. 2015 개정 교육과정 총론의 목표는 창의·융합형 인재를 양성하는 것으로 대표적인 개정의 방향은 인문학적 상상력과 과학 기술 창조력을 갖춘 균형 잡힌 인재의 양성입니다.

이런 2015 개정 교육과정 총론이 추구하는 방향성을 방영하여 수학과 교육과정에서는 다섯 가지 방향이 선정되었습니다. 수학 교과 역량 구현, 학습 부담의 경감 추구, 학습자의 정의적 측면 강조, 실생활 중심의 통계 내용 재구성, 공학적 도구의 활용 강조가 그것입니다. 2015 개정 수학과 교육과정을 보면 여러분이 그동안 수학에 대해서 어렵다고 느꼈던 부분을 축소하고 실생활과 밀접한 관계가 있는 수학을 좀 더 강조하여 학습 부담을 줄일 수 있는 방향으로 구성되었다고 할 수 있습니다. 그렇다면 고등학교 1학년 수학이 2009 개정 교육과정에서 2015 개정 교육과정은 어떻게 내용이 바뀌었는지 알아보겠습니다.

다음의 표에서 알 수 있듯이 고등학교 1학년 수학에서 배우던 내용 중 학생들이 어렵게 느꼈던 부등식의 영역은 삭제되었고 수열, 지수와 로그 등 많은 부분이 고2~3학년에 배우는 수학Ⅰ, 수학Ⅱ로 이동하였습니다. 따라서 2015 개정 교육과정에서 말한 학습 부담의 경감 추구에 맞게 1학년에서 배우는 내용이 줄어든 것을 알 수 있습니다. 수학적 내용이 줄어든 교과서를 여러분이 배우게 되므로 겁먹지 말고 차근차근하게 준비하면 됩니다. 선행이 되지 않은 학생들도 고등학교 1학년에 고등학교 수학에 잘 적응하면 2학년, 3학년에 수학을 겁먹지 않고 충분히 잘 공부할 수 있답니다.

그렇다면 고2~3학년에 배우는 수학과목에는 무엇이 있으며 핵심 개념

학년	2009 개정 교육과정		2015 개정 교육과정		비고
	영역	학년(군)별 내용(요소)	영역	학년(군)별 내용(요소)	
고등학교 1학년	다항식	다항식의 연산	문자와 식	다항식의 연산	• 영역명을 문자와 식으로 변경
		나머지정리		나머지정리	
		인수분해		인수분해	
	방정식과 부등식	복소수와 이차방정식	문자와 식	복소수와 이차방정식	• 여러가지 방정식과 여러 가지 부등식을 통합하며 구성 • 미지수가 3개인 연립일차방정식은 삭제
		이차방정식과 이차함수		이차방정식과 이차함수	
		여러 가지 방정식		여러 가지 방정식과 부등식	
		여러 가지 부등식			
	도형의 방정식	평면좌표	기하	평면좌표	• 영역명을 기하로 변경
		직선의 방정식		직선의 방정식	
		원의 방정식		원의 방정식	
		도형의 이동		도형의 이동	
		부등식의 영역		삭제	• 부등식의 영역은 내용 삭제
	집합과 명제	집합	수와 연산	집합	• 영역명을 수와 연산으로 변경
		명제		명제	
	함수	함수	함수	함수	
		유리함수와 무리함수		유리함수와 무리함수	
	순열과 조합	경우의 수	확률과 통계	경우의 수	• 영역명을 확률과 통계로 변경 • 중복 순열과 중복조합은 〈확률과 통계〉에서 다룸.
		순열과 조합		순열과 조합	
	수열	등차수열과 등비수열		이동	• 수열은 〈수학 Ⅰ〉로 이동
		수열의 합			
		수학적 귀납법			
	지수와 로그	지수		이동	• 지수와 로그는 〈수학 Ⅰ〉로 이동하여 지수함수와 로그함수와 함께 다룸.
		로그			

에는 무엇이 있는지 알아보겠습니다.

[수학 I]

영역	핵심 개념	학년(군)별 내용(요소)	비고
해석	지수함수와 로그함수	지수와 로그	
		지수함수와 로그함수	
	삼각함수	삼각함수	• 사인법칙과 코사인법칙 추가
대수	수열	등차수열과 등비수열	• 등비수열을 평가할 때 연금의 일시 지급이나 대출상환 등을 포함하는 문제는 다루지 않는다.
		수열의 합	
		수학적 귀납법	

[수학 I]에서는 2009 개정 교육과정에서 1학년에서 배운 수열과 지수, 로그가 이동하여 만들어진 과목입니다. 지수와 로그와 같이 지수함수와 로그함수를 같이 배우는 과정으로 만들어져 있습니다. 삼각함수에서 사인법칙과 코사인 법칙이 추가되었는데 이것은 수학적 내용의 확대라기보다는 이전 교육과정에 있던 사인법칙과 코사인법칙이 2009개정 교육과정에서 빠지면서 문제를 해석하는데 불편한 여러 가지 문제가 발생하여 다시 추가되었습니다.

[수학II]

영역	핵심 개념	학년(군)별 내용(요소)	비고
해석	함수의 극한과 연속	함수의 극한	
		함수의 연속	
	미분	미분계수	
		도함수	
		도함수의 활용	
	적분	부정적분	• 구분구적법 삭제
		정적분	
		정적분의 활용	

[수학Ⅱ]에서는 해석기하학의 중심인 극한, 미분과 적분을 중점적으로 배웁니다. 수능에서 가장 중요하게 다루어질 단원이기도 합니다. [수학Ⅱ]에서 나오는 이론적 배경과 정리들을 완벽하게 이해하면 그 뒤에 배우게 될 [미적분]은 아주 쉽게 느껴질 것입니다.

[미적분]

영역	핵심 개념	학년(군)별 내용(요소)	비고
해석	수열의 극한	수열의 극한	
		급수	
	미분법	여러 가지 함수의 미분	• 속도 가속도에 대한 문제 추가
		여러 가지 미분법	
		도함수의 활용	
	적분법	여러 가지 적분법	• 회전체의 부피 삭제
		정적분의 활용	

미적분은 수학Ⅰ과 수학Ⅱ를 학습한 후 선택할 수 있는 과목입니다. 따라서 학교에서 교육과정을 만들 때 이 위계를 고려해서 교육과정을 만들 것입니다. 또한, 이공계열의 진학을 원하는 학생들은 반드시 이 과목을 배워야 합니다. 앞에서 말했듯이 [수학Ⅱ]가 다항함수의 미적분을 다루고 있다면 [미적분]은 초월함수의 미적분을 다루고 있습니다. 이론적 배경은 [수학Ⅱ]와 똑같기 때문에 미적분을 잘하기 위해서는 [수학Ⅱ]을 완벽하게 이해해야 합니다.

[확률과 통계]

영역	핵심 개념	학년(군)별 내용(요소)	비고
확률과 통계	경우의 수	순열과 조합	• 자연수의 분할, 집합의 분할 삭제 • 항이 세 개인 다항정리에 관한 문제는 다루지 않는다.
		이항정리	
	확률	확률의 뜻과 활용 조건부 확률	
	통계	확률분포	• 확률질량함수, 확률밀도함수, 모비율, 표본비율 삭제
		통계적 추정	

[확률과 통계]는 다른 수학과목과 달리 실생활과 밀접한 관계를 가지고 있습니다. 어렵고 힘들다는 생각보다는 실생활에 도움이 되는 상식을 배운다고 생각하고 수학공부를 하면 즐겁게 할 수 있을 것입니다. 내용도 이전에 비해 많은 부분이 삭제되었으므로 공부하기가 좀 더 편하게 느껴질 겁니다.

[기하]

영역	핵심 개념	학년(군)별 내용(요소)	비고
기하	이차곡선	이차곡선	• 음함수, 매개변수를 이용한 내용 삭제
	평면벡터	벡터의 연산	• 평면운동 삭제
		평면벡터의 성분과 내적	
	공간도형과 공간좌표	직선과 평면	• 공간벡터 삭제
		정사영	
		공간좌표	

위의 표에서 알 수 있듯이 고2~3학년의 수학내용을 보더라도 이렇게 줄어든 내용들이 많이 있습니다. 따라서 여러분은 선배들보다 배우는 내용은 줄어들었기 때문에 수학에 대한 부담이 좀 줄어들거라 예상합니다. 비록 학교마다 입시에 대비하여 내신시험의 난이도는 다르겠지만 수능은

2015 개정 교육과정에 맞게 출제됩니다. 그러니, 이제부터 다시 수학공부를 시작해도 늦지 않았습니다. 과거에는 중학교 때 수학을 공부하지 않고 고등학교에 와서 공부하려고 하면 고등학교에서 배워야 할 내용이 너무 많아서 그냥 포기하는 학생들도 많았습니다.

2015 개정 교육과정은 수학을 어렵다고 생각하는 여러분에게 기회입니다. 이 기회를 충분히 살리기 바랍니다.

4. 수학을 잘 하는 것과 수학점수가 높은 것은 다른 이야기입니다.

이제 중학교를 졸업하고 고등학교에 입학하는 여러분은 주위에 친구들을 둘러보세요. 주위의 친구들은 공부에 대해서 어떤 생각을 가지고 있나요? 고등학교에 왔으니까 열심히 공부해야 겠다는 결심하는 친구들과 스스로 공부는 포기라고 생각하는 친구들이 있는 것을 알 것입니다.

수학 역시 마찬가지입니다. 여러분은 친구들이 수학을 잘하는 친구들과 수학을 포기한 친구들(일명 수포자) 이렇게 2가지 유형으로 나누어진다고 생각합니다. 그런데 고등학교에서 많은 학생들을 가르치다보면 고등학교에 입학한 학생들을 다음과 같이 4가지로 유형으로 나누어 볼 수 있습니다.

유형	상태	
제1유형	수학개념을 완벽히 이해하고 수학성적이 높은 학생	수학우수생
제2유형	수학개념을 이해하지 못하지만 수학성적이 높은 학생	수학우수착각생
제3유형	수학개념을 이해했지만 수학성적이 낮은 학생	수학잠재능력생
제4유형	수학개념을 이해하지 못하고 수학성적이 낮은 학생	수학부진생

하나의 예를 들어보겠습니다. 같은 중학교에 다니던 민서와 예진이는 친한 친구였습니다. 차이가 있다면 민서는 수학 성적이 매우 우수한 학생이였고 예진이는 수학 성적이 중위권에 있는 평범한 학생이였습니다. 중학교에서 전교권의 성적을 가지고 있던 민서는 수학에 대하여 자신감이 있습니다. 중학교 수학 내신 성적도 우수할 뿐만 아니라 고등학교 수학도 사교육을 통하여 2번씩이나 돌렸기 때문입니다. (왜 돌렸다는 표현은 하는지 모르겠지만 수학의 진도를 끝내는 것을 학생들과 학부모님들이 이렇게 말하곤 합니다.)

그러던 민서는 고등학교에 올라와서 수학 성적이 점점 떨어지기 시작했습니다. 분명 중학교 때처럼 열심히 수업 듣고 학원을 다니고 문제집을 여러 권 풀어도 떨어진 수학 성적은 올라올 기미가 보이지 않았습니다. 학원을 하나 더 다녀야 하나 고민을 하면서 시간을 보내다 보니 어느덧 고3이 되었습니다. 그런데 너무 충격적인 일은 중학교 때 민서보다 수학 성적이 낮았던 예진이는 고등학교에 올라와서 수학 성적이 점점 올라서 상위권에 진입했다는 사실입니다.

도대체 무엇이 문제였던 걸까요? 두 명의 수학 공부 방법에는 어떤 차이가 있었던 것일까요?

본인들은 몰랐지만 민서와 예진이의 차이점은 민서는 제2유형의 수학우수착각생이였고 예진이는 제3유형의 수학잠재능력생 때문입니다.

교사들은 가끔 중학교 수학 성적은 부모님 성적이라는 말을 합니다. 학생이 중학생일 때는 부모님이 신경을 쓰고 과외, 학습지, 학원 등의 사교육을 시키면 공부한 만큼 바로 성적으로 나타나기 때문입니다. 따라서 중학교에서 민서 같은 유형이 수학 성적이 높다는 것은 수학의 개념을 완벽히 이해하여 수학에 대한 이해도가 높다는 것이 아니라 수학 문제에 익숙해져서 주어진 문제를 주어진 시간 안에 실수 없이 잘 맞춘다는 표현이 맞습니다.

하지만 고등학교에서의 수학공부는 스스로 자기주도학습능력이 매우 필요하며 스스로 공부하는 능력이 부족하면 부족한 만큼 결과가 달라지기 때문입니다.

민서는 중학교 때 스스로 완벽한 개념 이해 없이 학원에서 열심히 수학문제집만을 풀었기 때문에 고등학교에 와서는 수학 성적이 좋을 수 없는 것입니다. 그리고 열심히 문제만 푸는 학습방법으로 중학교 때 성적이 좋았기 때문에 수학학습방법을 바꾸려고 하지 않습니다. 하지만 예진이는 중학교 때부터 개념학습의 꼼꼼히 하는 것에 시간을 많이 할애하였습니다. 그 결과 문제집 등을 푸는 양이 적어서 잦은 연산실수를 하는 바람에 수학점수가 낮게 나온 것입니다. 처음에 개념학습을 완벽하게 하고 문제를 푸는 것을 연습하면 성적은 빠르게 향상됩니다. 예진이는 중학교 때 몸에 익힌 자기주도학습능력으로 고등학교에 와서 스스로 개념학습을 열심히 하고 문제집을 통한 연습을 통해서 좋은 수학 점수를 받을 수 있게 된 것입니다.

여러분은 민서 같은 유형인가요? 예진이 같은 유형인가요?

중학교 때 수학 성적이 높다고 자만할 필요도 수학 성적이 낮다고 포기할 필요도 없습니다.

여러분에게는 앞으로 3년의 시간이 있고(정확히 2년 반이라고 하는 것이 맞습니다.) 이 시간 안에 어떻게 수학공부를 해야 하는 지 그 방법을 바꾼다면 여러분이 원하는 대학에 한 걸음 더 다가갈 수 있을 것입니다.

그렇다면 여러분은 어떤 유형의 학생인가를 체크해 볼 필요가 있습니다.

다음 체크리스트를 6개 이상하고 있다면 제1유형(수학우수생)과 제3유형(수학잠재능력생)이지만 4개 이하를 실천하고 있다면 제2유형(수학우수착각생)과 제4유형(수학부진생)입니다.

CHECK LIST	YES	NO
1. 교과서를 꼼꼼히 읽어 본 적이 있나요?	☐	☐
2. 교과서의 활동들이 어떤 개념을 배우기 위해 나온 것인가 생각해 본 적이 있나요?	☐	☐
3. 교과서에 있는 개념 정의와 정리를 정확히 말하고 쓸 수 있나요?	☐	☐
4. 교과서에 있는 증명문제를 따로 해 본 적이 있나요?	☐	☐
5. 교과서의 단원 평가 문제를 풀고 나서 답뿐만 아니라 그 풀이과정 모두를 답지와 확인해본 적이 있나요?	☐	☐
6. 교과서에 나온 모든 문제를 꼼꼼히 풀어보고 틀린 문제에 대하여 오답노트를 만들어 본 적이 있나요?	☐	☐
7. 교과서에 있는 문제 중 본인이 푼 풀이과정과 답안지에서 제시된 풀이 과정이 다를 때 그 차이에 대하여 고민해 본 적이 있나요?	☐	☐
8. 학교 수업시간이 끝나고 교과서로 복습을 해 본 적이 있나요?	☐	☐

여러분도 느꼈겠지만 체크리스트에 교과서에 대한 이야기만 하고 있다는 것을 눈치채셨나요?

모든 책이나 매체에서 항상 수학 개념을 완벽히 공부해야 한다고만 이야기했지 수학 개념을 공부하는 것이 정확히 무엇인지를 알려주는 곳은 없었습니다. 위의 체크리스트 8개를 모두를 실천하고 있다면 여러분은 수학 개념 공부를 완벽하게 하고 있는 중입니다.

학생들이 수학공부를 어떻게 해야 하는 지를 저에게 질문을 할 때 어떤 종류의 학원을 다녀야 하는지, 어떤 종류의 문제집을 풀어야 하는 지 궁금해 합니다. 그때마다 저는 항상 이렇게 이야기 합니다.

'수학공부의 기본은 학교 수업이고 완벽한 문제집은 교과서란다.'

공부의 기본은 집중력에 달려 있습니다. 학교 수업에 집중하지 못하는 학생은 나중에 시간을 많이 있어도 역시 집중하지 않습니다. 따라서 학교 수업시간에 반드시 집중해야 합니다.

또한 수업 시간에 배우는 교과서에는 2015 개정 교육과정에 맞는 수학

개념과 수학 문제들이 들어있을 뿐만 아니라 연습문제, 심화문제 등을 통해서 여러분이 어떻게 수학적 개념을 적용해야 하는지 알려주기도 합니다.

또한 교과서마다 쉬어가는 코너나 교과서 뛰어넘기 등 심화 학습 코너 등을 만들어서 교육과정을 뛰어넘는 여러 가지 수학 이야기를 알려 주고 있습니다.

그러므로 여러분은 교과서를 수학의 기본이라 생각하고 교과서에 나온 증명까지도 열심히 공부해야 합니다. 교과서는 많은 수학선생님들이 여러분에게 쉽게 수학적 개념을 전하기 위해 공부를 하고 연구해서 나온 결과물입니다.

그런데 초등학교 때부터 사교육을 접해본 학생들이라면 수학 공부의 기본이 문제집이라 생각하는 오류를 범하기 쉽습니다. 문제집에 나온 문제들 중 많은 문제들이 여러분이 알 필요가 없는 과거 교육과정에 나온 수학 개념들을 가지고 있는 문제이며 이것을 풀기 위해 씨름하는 학생들의 모습은 매우 안타깝습니다. 여러분이 고생하며 내용도 모르고 암기한 문제들은 수능에는 절대 나오지 않는다는 사실입니다. 따라서 수능에 나오지 않는 문제를 푸느라 여러분은 시간과 힘을 낭비하고 있는 중인 것입니다.

이제 여러분은 고등학교 수학 시간에 무엇을 공부해야 하는지에 대해서 제대로 알고 공부하는 방법에 눈을 떠야 합니다.

- 평행사변형이란?
- 피타고라스의 정리란?
- 인수란?

위의 내용을 정확히 이야기할 수 없다면 여러분은 중학교 때 수학을 제대로 공부하지 않은 것입니다.

5. 수학 늦지 않았습니다.
여러분은 만들어진 수포자(수학을 포기한 자)입니다.

수학이라는 과목을 생각하면 항상 머리가 아프고 숫자가 보기가 싫은 학생이 있다면 이 학생은 수포자, 즉 수학을 포기한 학생일 가능성이 큽니다. 수학을 포기하지 않은 학생들도 지금까지 공부방법을 생각하면 수학이란 과목으로 머리가 아픈 건 당연합니다. 수학을 가르치는 사람의 입장에서는 수학의 아름다움을 알지 못하고 수학을 싫어하는 학생들이 이렇게 많다는 사실이 놀랍고 매우 가슴이 아픕니다.

그런데 그거 아세요? 여러분은 진정한 수포자가 아닌 만들어진 수포자라는 사실입니다.

왜 언제부터 우리는 수학을 싫어하게 되었는지 한 번 살펴볼까요?

언젠가 TV의 한 예능프로그램에서 4살짜리 꼬마가 구구단은 외우자 많은 패널들이 놀라워하며 수학의 천재라고 말하는 장면을 본 적이 있습니다. 가끔은 백 명 중 한 명 정도는 수학에 감각을 가지고 태어나는 아이들이 있습니다. 그런 아이들은 가르치지 않아도 스스로 수학에 대한 관심과 흥미를 보이기도 합니다. 그런데 일반적으로 어린 아이들이 말하고 있는 구구단은 아이들이 부르는 동요 가사와 같습니다. 그 구구단 안에 덧셈과 곱셈의 원리를 이해하고 외우는 아이는 없으니까요. 그래서 구구단은 덧셈을 다 배운 후 덧셈을 쉽게 하는 방법으로 배우는 것이 맞습니다.

그러나 어른들은 어린 아이가 구구단을 외우는 것을 놀라워하고 우리 아이도 그렇게 되었으면 좋겠다는 생각에 아이들에게 가르치기도 합니다. 그러한 행동이 아이들에게서 수학에 대한 흥미를 빼앗아 간다는 생각을 하지 못한 체 말입니다.

이 내용을 뒷받침해 줄 내용을 연구한 아동심리학자가 있습니다. 인간의 인지 발달은 환경과의 상호 작용에 의하여 이루어지는 적응과정이며,

몇 가지 단계를 거쳐서 발달한다고 말한 스위스의 심리학자 피아제가 그 분입니다.

피아제의 인지발달 이론에 따르면 인지발달의 단계는 감각운동기(0~2세), 전조작기(2~7세), 구체적 조작기(7~11세), 형식적 조작기(11~15세)의 네 단계로 구분합니다.

피아제

스위스의 심리학자, 논리학자.
아동의 정신발달, 논리적 사고 발달에 관한 연구를 했습니다.

감각운동기(0~2세)에는 감각적 반사운동을 하며 주위에 대해 강한 호기심을 보이며 숨겨진 대상을 찾고, 보이지 않는 위치 이동을 이해할 수 있는 대상영속성의 개념을 이해하게 됩니다.

유아기와 유치원생 때인 전조작기(2~7세)에는 사물의 이름을 인지하고 상징을 사용하며, 사물의 크기·모양·색 등과 같은 눈에 보이는 특징을 파악하여 직관적 사고를 보이며, 자기중심적 태도를 보입니다.

초등학교 시기인 구체적 조작기(7~11세)에는 사물 간의 관계를 관찰하고 사물들을 순서화하는 능력이 생기며, 자아중심적 사고에서 벗어나 자신의 관점과 상대방의 관점을 이해하기 시작하고 타인의 관점에서 생각할 수 있게 됩니다.

형식적 조작기(11~15세)는 논리적인 추론을 하고, 자유·정의·사랑과 같은 추상적인 개념들을 이해할 수 있게 되는 시기가 됩니다.

이렇듯 아이들의 인지능력도 발달 과정이 있으므로 아이의 인지능력 발달 속도에 맞게 수학적 내용을 가르쳐야 합니다.

사교육이 팽배한 요즘 인지적 성장속도에 맞춰 수학을 배워나가면 시대에 뒤쳐진다는 인식 속에 학생들이 아직 이해할 수 도 없는 내용을 앵무새처럼 따라 하고 있습니다.

유치원 때는 숫자만 셀 수 있으면 됩니다. 초등학교 때는 사칙연산만 잘 하면 됩니다. 중학교 때는 다양한 수학적 정의 등 추상적인 개념을 이해하게 하면서 여러 가지 다양한 수학적 분야의 이야기를 배우면 됩니다.

그런데 아이들은 피아제의 인지발달 이론은 무시한 채 사교육을 통해서 유치원 때 초등학교 내용을 배우고, 초등학교 때는 이해도 되지 않는 중학교 내용을 배우며 스스로 수학에 대한 자괴감만 배우게 됩니다.

이렇게 나이에 맞지 않는 사교육을 따라가다 보면 이해가 되지 않는 것이 당연한데도 어느 날 아이들은 이렇게 느낍니다. '아 나는 수학을 못하는 구나…' 이렇게 여러분은 수포자로 만들어진 것입니다

자신의 수학적 성장속도에 맞춰서 공부하면 다 이해되고 그 수학 안에 담긴 많은 의미를 알 수 있었을 텐데 학생들이 선행이라는 방법 속에 포기라는 것을 먼저 배우는 현실이 너무 안타까울 따름입니다.

그럼 고등학생이 된 수포자는 여전히 수학을 포기해야 할까요?

그런데 여러분 그거 아세요? 세월이 지난 만큼 여러분의 키 뿐만 아니라 두뇌도 함께 성장을 했습니다. 피아제가 말했듯이 여러분의 인지능력도 많은 발전이 있었기 때문에 초등학교에 이해되지 않았던 연산(대수), 중학교 때는 이해가 가지 않던 도형(기하)들이 고등학교에 와서는 잘 이해가 되는 경우도 너무나 많습니다. 키 성장도 사람마다 차이가 있듯이 두뇌성장도 사람마다 조금씩 차이가 있기 때문입니다. 중학교전까지는 그 차이가 많이 나지만 중학교가 끝난 지금 시점의 여러분은 인지능력이 모두 같은 출발선 상에 있습니다.

여러분은 이제 고등수학을 배울 수 있는 두뇌를 가진 고등학생입니다.

제가 교직에 재직하면서 만난 두 학생의 예를 들어볼까 합니다.

재은이는 고등학교 1학년 때 공부를 포기한 학생이었습니다. 말 그대로 수포자일 뿐만 아니라 다른 공부에 흥미를 갖지 못해서 학교에 오면 자기가 일쑤였지요. 반 성적이 거의 꼴등에 가까웠습니다. 그런 재은이가 1학년 겨울방학 때부터 변했습니다. 대학을 가고자 하는 마음이 생겼고 공부를 해야겠다고 스스로 다짐했습니다. 그런 마음가짐으로 공부를 시작했습니다. 처음에는 이해가 안 되는 부분이 많았는데 담당 선생님께 물어보거나 자신이 필요하다고 생각되는 부분의 인강이나 학원 등 사교육

을 스스로 받기 시작했습니다. 학교에서 자습을 할 수 있는 시간이 생기면 절대 자지 않고 열심히 공부했습니다. 처음엔 성적이 올라가는 속도가 늦었으나 하나를 알게 되니 두 개를 알게 되는 것이 쉬웠습니다. 재은이는 결국 2년 동안 부단한 노력으로 서울 명문대에 진학할 수 있었습니다.

다른 학생 현서는 중학교 때 호주에서 3년간 공부하다 고등학교는 한국에서 다닌 학생입니다. 현서는 호주에서는 계산기를 가지고 수학을 공부했는데 한국에서는 연필로 모든 연산을 풀어야 돼서 많이 힘들어했습니다. 한국 학생들이 쉽게 하는 약분도 시간이 많이 걸렸습니다. 연산 속도도 매우 느리고 한국 교육과정과 다른 교육과정으로 수학을 배워서 많은 부분을 배우지 않고 고등학교를 입학하게 된 것입니다. 처음에는 수학적 개념을 이해하기도 힘들어했지만 점점 더 나아졌고 이 학생 역시 수학 성적이 2배로 향상되어 서울 명문대에 진학할 수 있었습니다. 이 학생 역시 스스로 공부하는 자기주도학습능력이 매우 뛰어났습니다.

위의 예처럼 고등학교 때 새롭게 시작해서 본인이 원하는 것을 이룬 학생들은 너무나 많습니다. 비록 공부해야 할 양과 과목이 매우 많아서 힘들었지만 그만큼 노력하면 안 될 것이 없습니다. 여러분도 여기서 포기하면 안됩니다. 지금부터 다시 차근차근 수학을 해 나가면 언젠가는 여러분이 원하는 목표에 도달할 수 있어요. 단, 너무 빨리 가려고 앞에서 했던 실수를 반복하지 마세요. 모든 공부는 기초가 중요합니다. 포기하지 말고 한 번 공부해서 이해가 안되면 두 번, 두 번 공부해서 이해가 안 되면 세 번, 이렇게 계속 꾸준히 공부해 보세요.

지금부터 다시 시작하면 됩니다.

6. 수학, 이렇게 공부하세요.

앞에서 수학을 왜 배우는지에 대한 이야기는 이미 했습니다. 그런 이유로 수학 공부를 하지만 시간을 많이 들여서 천천히 이해하고 고민하면서 공부해도 수학 성적이 바로 오르지 않을 수 있습니다.

주위를 둘러보면 정말 많은 학생들이 수학 때문에 많은 고생을 하고 있습니다. 노력을 안 하는 것도 아닌데, 들이는 노력에 비해서 성과가 없고 그러다 보면 얼마 못 가서 '나는 수학은 안돼' 하면서 자포자기하게 됩니다.

도대체 수학이란 과목은 왜 그렇게 어려운 것일까요? 또한 열심히 공부하고 노력을 하는 대도 점수는 왜 향상되지 않는 것일까요? 이제부터 수학은 어떤 과목인지 그 특성에 대해 살펴보면서 성적이 안 오르는 그 원인을 찾아보려고 합니다. 그러고 나서 어떻게 하면 수학을 잘 할 수 있는지, 수학 점수를 올리는 공부법에는 무엇이 있는지 알아보고자 합니다.

사실 자신이 수학을 못한다고 말하는 학생을 찾는 것보다 잘한다고 말하는 학생을 찾는 일은 매운 어려운 일입니다. 수학 성적이 좋은 학생들도 가끔은 자신이 수학은 못한다고 말하니 말입니다. 초등학교에서 곧잘 수학을 잘 하던 학생들도 중학생이 되면 반은 수학을 멀리하고 고등학생이 되면 더 많은 학생들이 수학과는 안녕을 고하는 것이 현실입니다. 일찌감치 수학을 포기하고 여러분의 시간을 다른 과목에 투자하는 것이 현명한 방법이 아닐까 고민하게 됩니다.(그런데 수학을 포기하는 순간 서울의 중상위권 이상의 대학 진학과는 안녕을 고해야 합니다.)

그래도 수학을 포기할 수 없어서 주위에 수학을 잘하는 친구들에게 물어보면 이렇게 대답할 것입니다.

'난 수학이 공부하기 편해서 좋아. 다른 과목은 하나에서 열까지 다 외워야 하는데 수학은 모두 다 외울 필요가 없으니까. 몇 가지 정의와 정리 등 기본을 공부하면 응용해서 많은 문제를 풀 수 있잖아. 그리고 답이 명료해서 좋아' 이렇게 말하는 친구의 수학 공부 방법을 따라 하면 수학을 잘 할 수 있지 않을까요?

이제부터는 제가 수학 잘하는 비결을 하나하나 자세히 설명하겠습니다. 여러분은 자기 공부 방식과 비교해 보고, 본인의 수학 공부 방법 중 잘못된 부분은 지금부터 고쳐나가기를 바랍니다.

제1단계 개념과 원리의 이해

수학은 정의와 정리의 학문이라고도 이야기합니다. 수학적 약속인 정의를 암기하고 그것을 통해서 나온 정리들을 이해하여 문제를 풀 때 적용하기 때문입니다. 그렇다면 개념과 원리를 완벽하게 이해해야 하는데 무엇을 가지고 공부하면 될까요? 바로 교과서입니다.

교과서에는 여러분이 배워야 할 수학적 개념을 정확히 설명해 놓았으며 개념 및 정리에 대한 증명도 교과서는 모두 설명하고 있습니다.

여러분이 교과서에 나온 개념과 원리를 잘 이해하는 공부를 했는지 예를 하나 들어볼까요?

중학교를 졸업한 여러분은 이차방정식 $ax^2+bx+c=0(a\neq 0)$의 근을 구하는 방법으로 근의 공식을 배웠을 것이고 인수분해를 통해서 이차방정식의 해를 구할 수 없는 경우 근의 공식 $x=\frac{-b\pm\sqrt{b^2-4ac}}{2a}$ 을 사용하여 대부분의 이차방정식의 문제를 풀 것입니다.

그렇다면 여러분은 이차방정식 $ax^2+bx+c=0(a\neq 0)$의 근을 구하는 방법인 근의 공식을 스스로 유도해낼 수 있나요?

대부분의 학생들은 근의 공식을 이용하여 문제를 푸는 것에는 매우 익숙하지만 근의 공식을 유도하는 과정은 생략해서 공부하곤 합니다. 답을 내는 것에는 익숙하지만 수학적 개념을 놓치고 있다는 말입니다.

만약 여러분이 이차방정식의 근의 공식 유도과정을 열심히 보지 않았다면, 이차방정식에 있어서의 수학의 묘미를 놓친 사람이며, 이차방정식의 기본 개념이나 원리에 대해서는 정확히 모르는 사람이라 해야 할 것입니다. 이렇게 원리를 모르고 공식만 공부한 학생은 중학교 때까지는 수학 성적이 높을 수 있지만 고등학교에서는 수학 성적이 점점 떨어질 것입니다.

물론 근의 공식의 증명을 보고 난 후 혼자서도 그대로 증명할 수 있는 것이 가장 좋은 공부 방법이지만 만약 증명을 하기가 어렵다면 교과서를 읽으면서 이해를 확실히 하고 넘어가 습관을 길러야 합니다. 처음에 이런 방식으로 공부하면 속도가 느려서 답답하겠지만 이렇게 공부하면 수학하는 재미를 제대로 알 수 있게 될 것이며, 그러다 보면 수학 점수도 점점 더 좋아지게 될 것입니다.

교과서는 수학 공부의 기본서입니다. 여러분은 교과서에 있는 내용을 완벽하게 이해하고 암기해야 합니다. 그런데 정작 교과서에 나온 정의를 물어보면 바로 대답하지 못하는 학생이 매우 많습니다. 교과서가 공부에 기본임을 알고 수업시간에 배우는 교과서의 내용을 제대로 공부하기 바랍니다. 만약 교과서에 나와 있는 개념을 다 이해했다면 다음 단계로 넘어가야 합니다.

제1단계 : 개념과 원리의 이해 예

좌표평면 위에서 직선 $l : ax+by+c=0$과 직선 l 위에 있지 않은 점 $P(x_1, y_1)$ 사이의 거리를 구해 보자.

$a\neq 0, b\neq 0$인 경우에 점 P에서 직선 l에 내린 수선의 발을 $H(x_2, y_2)$라고 할 때, $\overline{PH}=\sqrt{(x_2-x_1)^2+(y_2-y_1)^2}$은 다음과 같이 구한다.

직선 l의 기울기는 $-\frac{a}{b}$이므로 직선 PH의 기울기는 $\frac{b}{a}$이다.

따라서 직선 PH의 방정식은

$$y-y_1=\frac{b}{a}(x-x_1) \quad \cdots\cdots ①$$

이다. 이때 점 $H(x_2, y_2)$는 직선 l과 ① 위의 점이므로

$$ax_2+by_2+c=0 \quad \cdots\cdots ②$$

$$y_2-y_1=\frac{b}{a}(x_2-x_1)$$

$$bx_2-bx_1-ay_2+ay_1=0 \quad \cdots\cdots ③$$

이다. 따라서 ②, ③을 연립하여 x_2를 구하면

$$x_2=\frac{b^2x_1-aby_1-ac}{a^2+b^2}$$

이므로

$$x_2-x_1=\frac{-a(ax_1+by_1+c)}{a^2+b^2}, \quad y_2-y_1=\frac{-b(ax_1+by_1+c)}{a^2+b^2}$$

이다.

즉, $\overline{PH}=\sqrt{(x_2-x_1)^2+(y_2-y_1)^2}$

$$=\sqrt{\frac{(a^2+b^2)(ax_1+by_1+c)^2}{(a^2+b^2)^2}}$$

$$=\frac{|ax_1+by_1+c|}{\sqrt{a^2+b^2}}$$

고등학교 1학년 수학 교과서 Ⅲ.도형의 방정식 중 점과 직선사이의 거리

위의 예는 고등학교 1학년 수학 점과 직선 사이의 거리에 나오는 교과서 내용입니다.

보기엔 쉬워 보이지만 교과서에 나오는 이 내용은 풀이과정이 생략되

어 있습니다. 이 생략된 풀이과정은 조금 복잡합니다. 두 개의 식 '②, ③을 연립하여 x_2를 구하면' 이라고 표현되어 있지만 여러분은 미지수가 2개인 연립방정식을 계산하여 x_2를 구해야 합니다. 그리고 나서 $x_2 - x_1$, $y_2 - y_1$을 여러분이 계산하여 교과서에 나와 있는 결과와 같은 지 비교해봐야 합니다.

여러분이 점과 직선사이의 거리를 교과서를 보지 않고 유도할 수 있다면 여러분은 제1단계 : 개념과 원리의 이해를 끝내고 다음 단계로 넘어갈 수 있습니다.

제2단계 공식 암기

중학교 때 배운 피타고라스의 정리 '직각삼각형에서 직각을 낀 두 변의 길이를 각각 a, b라 하고, 빗변의 길이를 c라 하면 $a^2 + b^2 = c^2$이 성립한다'를 증명하는 방법은 다양하게 있습니다. 그러나 수학시험에서 피타고라스의 정리를 유도하며 문제를 풀면 시간이 너무 많이 걸립니다. 따라서, 수학적 정의와 정리에 대한 증명 과정을 이해하는 공부가 끝이 나면 그 증명의 결과인 수학적 공식들을 확실히 암기해야 합니다.

공식이란 곧 수학 문제 풀이에 있어서의 문제를 빠르게 풀 수 있게 하는 기본 도구이므로 공식을 얼마나 정확하게 암기하여 필요한 때에 제대로 사용할 수 있느냐에 따라 수학 점수가 결정되는 것입니다.

기본 개념과 원리를 분명히 이해한 사람이라도 공식을 안 외우고 있으면 문제를 풀 때마다 매번 스스로 기본 공식을 유도해 낸 후에 그것을 사용해야 하므로 시간이 많이 걸리고, 그렇게 문제를 풀어서는 수학에서 좋은 점수를 받을 수 없습니다.

고등학교 1학년 수학에서 많이 나오는 공식으로 인수정리, 나머지 정리, 인수분해 공식, 근의 공식, 이차방정식의 근과 계수의 관계, 좌표평면 위의 두 점 사이의 거리, 점과 직선 사이의 거리 등이 있습니다. 교과서에 나오는 공식을 문제에 바로 적용하여 사용할 수 있도록 암기해야 합니다.

제2단계 : 공식암기 예

점과 직선 사이의 거리

좌표평면 위의 점 $P(x_1, y_1)$과 직선 $ax+by+c=0$ 사이의 거리 d는

$$d=\frac{|ax_1+by_1+c|}{\sqrt{a^2+b^2}}$$

고등학교 1학년 수학 교과서 Ⅲ.도형의 방정식 중 점과 직선사이의 거리

앞의 1단계에서 점과 직선 사이의 거리를 구하는 내용을 이해했다면 이제는 위의 예처럼 표현되어 있는 공식을 암기해야 합니다.

제3단계 기본 문제 유형별 훈련

1단계와 2단계가 끝나면 이제는 기본 문제로 유형별 훈련을 해야 합니다. 교과서나 문제집을 보면 필수 예제와 유제로 나누어져 있습니다. 필수 예제는 그 단원에서 배우고 풀 수 있어야 하는 기본문제이고 유제는 필수 예제를 바탕으로 그 문제 유형에 적응을 시키는 문제를 말하는 것입니다.

기본 문제 유형별 훈련이란 수학에 있어 문제를 풀기 위한 기본기를 닦는 과정이라 할 수 있습니다. 모든 일이 기본기가 잘 되어 있어야 실수도 적고 시간이 갈수록 실력이 더 늘지 않나요? 우리가 익히 알다시피 여

자 피겨스케이팅의 라이벌로 통하던 김연아 선수와 아사다 마오 선수의 예를 보면 알 수 있습니다. 어린 나이에 트리플 악셀에 성공한 아사다 마오는 주니어 시절 전 세계 피겨계의 주목을 받았습니다. 항상 시상대에서 김연아 선수보다 높은 곳에 서 있곤 했지요. 김연아 선수는 주니어 시절 5개의 점프를 완벽하게 마스터하는데 시간을 투자했습니다. 비록 느리지만 천천히 완벽함을 기하며 열심히 노력했지요. 김연아 선수가 뛰는 점프가 점프의 교과서라는 찬사를 듣는 데는 얼마 걸리지 않았습니다. 시니어 시절 김연아 선수는 아사다 마오 선수보다 항상 윗자리에 서 있게 되었습니다. 이렇게 운동을 배우는 데에도 기본기가 중요합니다. 급한 마음에 기본기 훈련을 소홀히 하고 바로 시합을 나가면 실력이 느는 것이 아니라 오히려 자신감만 잃게 되기가 쉽습니다.

수학도 꼭 이와 같아서 필수 예제를 이해하고 유제를 통해 유형을 확실히 익히지 않은 채로 바로 시험 문제를 풀려고 하다 보면 어디서부터 손을 대야 할지도 몰라 당황하게 되어 수학에 점차 공포심을 갖게 됩니다.

그러므로 수학 점수를 올리고 싶은 사람들은 필수 예제를 익히는데 최선을 다해야 합니다. 수학을 공부하는 데 있어서는 바로 이 단계에 가장 많은 시간과 노력을 투자해야 할 것입니다. 기본문제 유형별 훈련을 충실히 하면 할수록 많은 수학 문제들을 알 수 있게 되고 연산실력도 늘어서 문제를 해결하는 시간이 점점 짧아지게 됩니다. 결국 실전문제라고 하는 수능 문제 역시 이런 기본문제 유형을 여러 개 융합해서 내는 것이니까요. 이제 기본문제로 자신감을 얻었다면 좀 더 어려운 실전 문제로 연습해 봅시다.

제3단계 : 기본 문제 유형별 훈련 예

예제 1 다음 점과 직선 사이의 거리를 구하시오.

(1) $(0, -2)$, $3x-4y+1=0$ (2) $(0, 0)$, $x+y+2=0$

풀이 (1) 점 $(0, -2)$와 직선 $3x-4y+1=0$ 사이의 거리 d는

$$d=\frac{|3\times 0-4\times(-2)+1|}{\sqrt{3^2+(-4)^2}}=\frac{9}{5}$$

(2) 점 $(0, 0)$과 직선 $x+y+2=0$ 사이의 거리 d는

$$d=\frac{|0+0+2|}{\sqrt{1^2+1^2}}=\frac{2}{\sqrt{2}}=\sqrt{2}$$

유제 1 원점으로부터 거리가 $\sqrt{2}$ 이고 $(2, 0)$을 지나는 직선의 방정식을 구하시오.

이제 2단계에서 공식을 암기했으므로 필수 예제와 유제를 공식을 사용하여 바로 구할 수 있어야 합니다.

제4단계 실전문제 연습

수학시험에 교과서에서 나오는 필수 예제와 유제만 나온다고 하면 누구나 100점을 꿈꿀 수 있습니다. 수학교사가 학생들과 같이 이룰 수 있는 꿈이기도 하지요. 그런데 우리는 대학입시라는 산이 있고 이 산을 넘기 위해서 수능시험과 수리 논술 문제 등 여러 가지 수학 문제를 풀어야 합니다. 그러려면 난이도가 높은 실전문제들을 풀어봐야 합니다.

실전문제를 처음 접했을 때 여러분이 제일 먼저 해야 할 일은 주어진 문제를 이해하는 일입니다. 이 문제가 어느 단원에서 배운 내용이고 어떤 기본 유형의 문제인지 또는 문제 속의 여러 가지 융합된 기본 유형을 파악하고 주어진 조건을 확인하며 문제가 무엇을 요구하는지 알아야 합니

다. 이것을 출제자의 의도를 파악하는 일 또는 문제의 이해라고 말하곤 합니다.

그런데 이렇게 출제자의 의도를 파악하여 문제를 이해하는 것은 그리 쉬운 일이 아닙니다. 문제를 제대로 이해하는 것도 상당한 실력을 요구합니다. 앞에서 이야기한 1, 2, 3 단계의 공부가 바로 '문제 이해'의 능력을 키워주는 준비 단계라 할 것입니다.

문제가 이해된다는 것은, 문제에서 주어진 조건들을 각각 어떻게 이용해야 할지 알 수 있게 된다는 것입니다. 따라서 주어진 문제에 기본 유형을 파악하였다 하더라도 여러 개가 융합된 유형의 문제에서 한 부분의 이해가 부족하면 그 문제는 풀 수 없게 됩니다. 수학 문제란 곧 '주어진 모든 조건'을 이용하여 '요구되는 결과'를 논리적으로 도출해 내는 과정이므로 만약 주어진 조건 중에 하나라도 이것을 어떻게 해석하여 푸는지 잘 모르겠다면 그 문제는 맞을 수 없습니다.

문제 조건을 이해하는데 필요한 기본 개념이나 원리를 잊어버리면 그 내용을 다시 확실히 공부해야 합니다. 이렇게 실전문제를 하나하나 풀어 나가다 보면 본인도 모르게 수학 실력이 늘어날 것입니다.

그렇다면 실전문제를 연습할 때는 어떤 종류의 문제집을 선택해서 풀어야 하나요? 어려운 문제집을 선택해야 할까요? 아니면 나에게 맞는 수준의 문제집을 선택해서 완벽하게 여러 번 풀어야 할까요? 가끔 학생들을 지도하다 보면 본인의 실력에 맞지 않는 어려운 문제집을 선택해서 푸는 학생들이 많이 있습니다. 처음에는 어려운 문제집을 끝내면 실력이 늘어날 것이라 생각해서 열심히 풀고자 합니다. 그러나 본인의 실력에 맞지 않는 문제집을 풀기 시작하면 성공의 단맛보다 실패의 쓴맛을 느끼게 되고 수학 공부가 점점 더 하기 싫어집니다. 본인의 실력에 맞는 문제집을 선택해서 풀어도 처음부터 완벽하게 다 맞는 학생을 많지 않습니다. 본인의 실력에 맞는 문제집을 처음부터 자신의 실력대로 열심히 풀어보는 것이 좋습니다.

즉 한 권의 책을 완벽하게 이해할 때까지 푸는 것이 매우 중요합니다. 여기서 주의해야 할 점 하나는 문제가 풀리지 않는다고 고민을 해보지 않고 바로 해답을 보는 것입니다. 처음에는 빨리 공부할 수 있어서 좋은 것처럼 보이지만 장기적으로 보면 수학 성적을 저해하는 요인이 됩니다. 주어진 문제에서 내가 이해하지 못한 조건이 무엇인가, 구하고자 하는 바가 무엇인가, 아니면 나는 여기에 사용된 공식을 다 알고 있는가 등을 고민하는 것이 공부인 것입니다. 고민을 한참 한 뒤에 해답을 보면 해답이 말하고자 하는 내용을 쉽게 이해할 수 있습니다.

따라서 실전문제를 스스로 많이 연습하는 것이 수학 성적을 올리는 길입니다.

제4단계 : 실전문제 연습 예

일정 거리 안에 있는 물체를 감지할 수 있는 레이더의 화면이 그림과 같다. 레이더 화면의 중심에 레이더의 위치가 표시되고 있으며 레이더 화면의 중심에서 서쪽으로 30cm, 북쪽으로 20cm 떨어진 지점에 본부의 위치가 표시되고 있다.

레이더 화면의 중심에서 서쪽으로 30cm, 남쪽으로 40cm 떨어진 지점을 A, 레이더 화면의 중심에서 동쪽으로 50cm 떨어진 지점을 B라 하자. 어떤 물체가 레이더 화면의 A 지점에서 나타나서 B지점을 향해 일직선으로 지나갔다. 이 물체가 본부와 가장 가까워졌을 때의 레이더 화면상의 거리가 $a$cm이다. a의 값은?
(단, 레이더 화면은 평면에 원으로 표시되며 본부와 물체의 크기는 무시한다.) [4점]

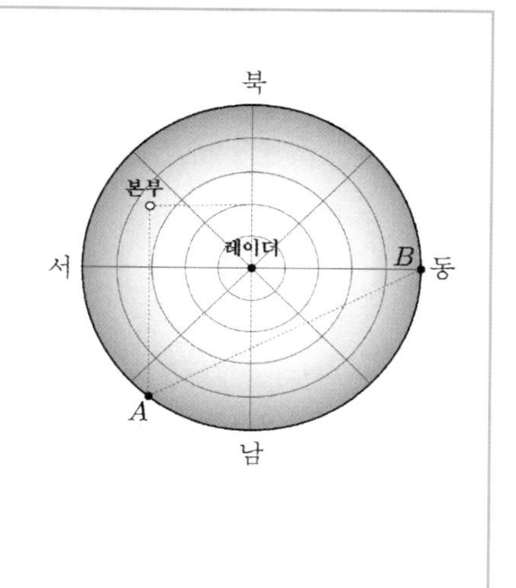

① 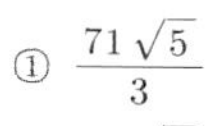 $\frac{71\sqrt{5}}{3}$ ② $24\sqrt{5}$ ③ $\frac{73\sqrt{5}}{3}$

④ $\frac{74\sqrt{5}}{3}$ ⑤ $25\sqrt{5}$

고1 전국연합학력평가 문제

이 문제를 처음 보면 실생활과 관련이 있는 문제라서 문제가 어려워 보입니다. 하지만 이 문제에 들어 있는 수학적 개념을 자세히 살펴보면 점과 직선 사이의 거리를 이용한 수학 외적 문제 해결 문제임을 알 수 있습니다. 수학 외적 문제 해결이란 수학적 사고로 실생활에 적용되어 해결할 수 있는 문제들을 말합니다.

제5단계 틀린 문제 다시 풀기

학생들은 수학 성적이 안 좋다는 이유로 여러 권의 문제집을 풀기도 합니다. 그런데 여전히 수학 성적은 오르지 않지요. 그 이유를 잘 들여다보면 학생들은 여러 권의 문제집에서 본인이 풀 수 있는 내용만 풀고 틀린 문제를 다시 풀지 않는 중대한 실수를 범하곤 합니다. 우리가 실전문제를 푸는 이유는 문제에 대한 적응도 있지만 본인이 틀리는 문제가 무엇이 있는지 알기 위해서입니다. 이 문제를 어떻게 해결하느냐가 여러분의 수학 실력을 결정하는 핵심이 됩니다. 여러분은 틀린 문제를 어떻게 해결하고 넘어가나요?

이렇게 틀린 문제를 풀 때 해답을 눈으로 보고 아 이렇게 푸는구나 하고 넘어가나요? 이렇게 풀면 그 당시는 아는 것 같지만 나중에 시간이 지나고 보면 다시 못 푸는 경우가 대부분입니다.

틀린 문제를 제대로 푼다는 것이 무엇을 의미할까요?

우선 틀린 문제에서 본인이 놓친 개념이나 유형 등을 파악하여 그 부분을 다시 공부해야 합니다. 그 뒤에는 다시 한번 그 문제를 처음 보는 것처럼 풀어봐야 합니다. 이때 조심할 것은 풀이 과정의 잔상이 남아있으므로 대충 계산해서 답을 맞히는 것에 초점을 맞추는 것이 아니라 천천히 풀이 과정을 한 줄 한 줄 차분히 쓰면서 푸는 것이 중요합니다. 수학은 논리의 학문이며 생각하는 힘을 기르는 학문입니다.

그리고 이 사고의 순서를 수학적 언어인 수식으로 나타내는 것입니다. 그러기 위해서는 문제 푸는 과정에 있어서도 순서에 따라 정성스럽게 써 내려가는 버릇을 길러야 합니다. 그렇게 하다 보면 연산력도 늘고 실수를 줄일 수 있으며 본인이 부족한 부분을 확인할 수 있습니다. 즉, 한 문제를 풀더라도 정성을 들이는 것이 수학 공부를 잘하는 비결이라고 말할 수 있습니다.

제6단계 부족한 부분 보완하기

수학 공부를 할 때에는 시간을 충분히 투자하여 고민하고 틀린 문제를 다시 풀 때는 한 줄 한 줄 정성껏 쓰면서 공부하는 것이 좋다고 말했습니다. 따라서 5단계가 수학 공부의 가장 핵심이기도 합니다. 그러나 5단계를 완벽하게 한다고 할지라도 수학 성적이 좋지 않을 수도 있습니다. 틀린 문제를 다시 풀다 보면 여러분이 항상 같은 부분에서 틀린다는 것을 알 수 있을 것입니다. 또한 중학교 때 제대로 공부하지 않은 단원이 있다면 그 부분이 문제가 될 것입니다. 여러분이 자주 틀리는 문제가 나온 단원과 연관성이 많은 단원을 제대로 공부하지 않으면 또다시 틀리게 되지요. 따라서 틀린 문제와 연관성이 많은 단원의 개념이나 중학교 때 배운 내용 들을 다시 한번 공부해야 합니다. 여러분이 생각했을 때 이 단원의 문제는 어느 정도 자신이 있다고 생각이 들면 이제는 시간을 체크하는 공부를 해야 합니다.

우리나라 교육에서는 수학에 대한 평가를 할 때 발표나 포트폴리오 등의 수행 평가도 하지만 지필 고사가 차지하는 비중이 매우 높습니다. 수학시험은 학교 내신은 50분, 수능은 100분이라는 시간 안에 문제를 해결해야 합니다. 따라서, 수학 문제를 풀 때 시간을 체크하며 푸는 것 역시 중요합니다. 풀어야 할 문제를 정해서 난이도에 따라 한 문항 당 2~3분 정도의 시간을 배정하여 20문항을 50~60분 안에 푸는 연습을 해야 합니다. 이렇게 시간을 정해놓고 수학 문제를 풀면 두 가지 장점이 있습니다. 하나는 앞에서 말했듯이 시험에 대비한 실전 연습이 가능하고 시간을 정해놓고 수학 문제를 풀면 집중도가 향상돼서 시간을 낭비하지 않고 쓸 수 있습니다. '마감 효과'라는 것이 있습니다. 마감 직전이 되면 집중력이 높아진다는 원리인데 이것은 공부에도 대단한 효과가 있습니다. 그냥 수학 공부를 1시간 동안 해야지 하고 마음먹고 책상에 앉았다면 그냥 시간을 허비해 버릴 때가 많습니다. 1시간 동안 3문제를 풀어도 수학 공부는 한 것이 되니까요. 하지만 시간과 문항을 정해 놓고 문제를 풀기 시작하면 다른 생각을 하지 않고 여러분이 문제에 더 집중하는 모습을 보일 겁니다. 이렇게 낭비하는 시간을 점점 줄여 나간다면 여러분은 어느덧 수학에 자신감을 갖게 될 것입니다.

제7단계 오답노트 만들기

수학 공부를 해서 성적을 올리려면 여러 권의 문제집을 푸는 것보다 한 권의 문제집을 완벽하게 이해하며 푸는 것이 더욱 중요하다고 이야기했습니다. 아무리 쉬운 문제집이라도 한 권의 문제집을 완벽하게 풀려고 하면 그 문제집에서 여러분이 잘 풀리지 않는 문제는 반드시 존재합니다. 이런 문제들만 따로 모아서 오답노트를 만듭니다. 오답노트에는 문제를 꼭 붙이고 풀이 과정을 여러분 손으로 직접 써 놓으시기 바랍니다. 지금 당장은 풀 수 있지만 시간이 지나면 그 문제가 처음 보는 문제처럼 느껴질 때도 있습니다. 여러분이 잘 풀지 못해서 오답노트에 붙여놓은 문제들은 난이도가 높아서 여러 가지 개념들이 복합적으로 융합된 경우가 많습니다. 그런 문제들을 모아서 오답노트를 만들어 놓으면 여러분이 수학 분야 중 부족한 분야를 알게 됩니다. 본인이 대수 분야가 부족한지, 기하 분야가 부족한지 등 다른 친구들보다 좀 더 성적이 나오지 않는 분야를 알게 되고 이 분야를 다시 공부한다면 여러분의 수학 성적은 매우 향상될 것입니다.

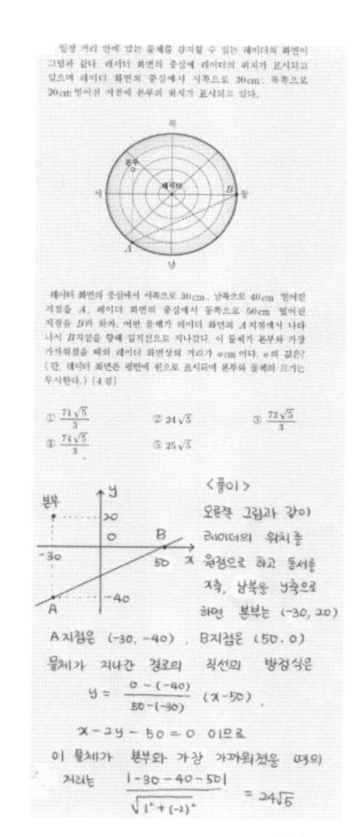
일정 거리 안에 있는 물체를 감지할 수 있는 레이더의 화면이 그림과 같다. 레이더 화면의 중심에 레이더의 위치가 표시되고 있으며 레이더 화면의 중심에서 서쪽으로 30cm, 북쪽으로 20cm 떨어진 지점에 본부의 위치가 표시되고 있다.

레이더 화면의 중심에서 서쪽으로 30cm, 남쪽으로 40cm 떨어진 지점을 A, 레이더 화면의 중심에서 동쪽으로 50cm 떨어진 지점을 B라 하자. 어떤 물체가 레이더 화면의 A지점에서 나타나서 B지점을 향해 일직선으로 지나갔다. 이 물체가 본부와 가장 가까워졌을 때의 레이더 화면상의 거리가 $a$cm이다. a의 값은? (단, 레이더 화면은 평면에 원으로 표시되며 본부와 물체의 크기는 무시한다.) [4점]

① $\frac{71\sqrt{5}}{3}$ ② $24\sqrt{5}$ ③ $\frac{73\sqrt{5}}{3}$ ④ $\frac{74\sqrt{5}}{3}$ ⑤ $25\sqrt{5}$

<풀이>

오른쪽 그림과 같이 레이더의 위치를 원점으로 하고 동서를 x축, 남북을 y축으로 하면 본부는 (-30, 20)

A지점은 (-30, -40), B지점은 (50, 0)

물체가 지나간 경로의 직선의 방정식은

$$y = \frac{0-(-40)}{50-(-30)}(x-50),$$

$x-2y-50=0$ 이므로

이 물체가 본부와 가장 가까워졌을 때의 거리는 $\frac{|-30-40-50|}{\sqrt{1^2+(-2)^2}} = 24\sqrt{5}$

오답노트

제8단계 1만 시간의 법칙

여러분도 1만 시간의 법칙을 들어본 적이 있을 것입니다. 어떤 분야의 전문가가 되려면 최소한 1만 시간 정도는 투자해야 한다는 이야기이지요.

심리학자 앤더스 에릭슨이 세계적인 바이올린 연주자와 아마추어 연주자 간 실력 차이는 연습 기간에서 비롯된 것이며 우수한 집단은 연습 시간이 1만 시간 이상이였다고 주장한 데서 기인합니다. 대중적으로는 말콤 글래드웰이 '1만 시간의 법칙'이라는 용어를 사용함으로써 알려지게 되었습니다.

여기에는 많은 의미를 담고 있습니다. 타고난 개인적 재능이 조금씩 다르다고 해도 1만 시간의 노력은 재능으로는 따라잡을 수 없다는 것입니다.

수학적으로 좀 더 빠르게 이해한다 할지라도 그 내용을 익히고 연습하는 시간이 적다면 아무 소용이 없다는 뜻입니다. 반대로 수학적 이해도가 조금 느려도 앞에서 말한 수학 공부 방법을 차근히 수행하고 그만큼 노력한다면 반드시 성공할 수 있다는 이야기이기도 합니다.

1만 시간은 매일 3시간씩 약 10년, 하루 10시간씩 약 3년이 걸리는 매우 긴 시간입니다.

이 시간은 매번 수학에 투자하라는 이야기가 아니라 무엇이든지 꾸준히 노력하면 다 이룰 수 있다는 이야기입니다.

공부에 왕도가 없다는 말도 있습니다. 공부에는 왕도가 없지만 방법은 있습니다. 앞에서 이야기한 수학 공부 잘하는 방법을 잘 생각해보고 열심히 노력하여 꼭 성공하길 바랍니다.

7. 수학공부를 할 때 이것만은 하지 마세요.

앞에서 수학 성적을 올리는 공부 방법에 대해서 이야기했습니다. 그러나, 많은 학생들이 수학 공부를 하면서 학습 능률을 저해하는 행동을 많이 하고 있습니다. 그런 행동에는 무엇이 있는지 살펴보겠습니다.

(1) 학교 수학 시간에 딴짓하기

수학 공부의 기본서는 교과서입니다. 교과서에 있는 내용은 쉬워 보이지만 교과서를 집필하신 여러 선생님들께서 교육과정의 취지를 담아서 여러분에게 반드시 배워야 할 내용을 여러 가지 적절한 예시와 개념 정리를 통해서 알려주고 있습니다. 그런데 많은 학생들은 사교육을 통해서 선행이라는 것을 하면서 문제집으로 수학적 개념을 공부하는 경우가 많습니다. 학원에서 교과서를 가지고 공부하는 일은 거의 없습니다.

그래서, 교과서에 나와 있는 증명이나 탐구활동에 들어 있는 수학적 개념을 알 수가 없습니다. 단순히 문제만 보면 교과서에 나와 있는 필수 예제나 유제가 쉬워 보여서 등한시하는 학생들도 있지만 수학을 전공하거나 현직에서 수학을 가르치고 있는 선생님들은 교과서의 중요성을 잘 알고 있습니다. 그 교과서는 학교 수학 시간에만 다루게 됩니다. 학원에 비해서 문제를 푸는 양이 적어 보이지만 여러분에게 충분히 고민하고 생각할 시간을 주고 증명을 해볼 수 있는 것이 학교 수학 시간입니다. 수업 시간에 선생님이 칠판에 문제를 풀어 준다고 해서 그냥 앉아 있을 것이 아니라, 여러분도 머릿속에서 풀면서 따라가야 합니다. 수업 중에 공상에 잠기거나 졸고 있는 모습을 보이면 절대 안 됩니다. 중요한 점을 집중해서 듣고, 요점을 필기하고, 예습할 때 몰랐던 곳을 수업 시간에 꼭 알아내도록 힘써야 합니다. 이렇게 중요한 시간에 다른 행동을 하거나 집중을 하지 않으면 너무나 소중한 시간을 낭비하는 것입니다. 그리고 이해가 되지 않는 부분이 있으면 선생님께 반드시 질문하도록 하세요. 이런 질문을 하면 선생님께서 나를 멍청하다고 생각하지 않을까 걱정하지 않았으면 좋겠습니다. 저도 수학을 공부하려고 시도하는 학생을 보면 그 질문 내용이 무엇이든 상관없이 기특하고 예쁘게 느껴집니다. 여러분의 수학선생님들도 그렇게 생각하실 겁니다. 수업 시간에 선생님 말씀에 귀를 기울이고 모르는 것이 있으면 서슴없이 질문하기 바랍니다.

(2) 공부와 동시에 다른 행동 같이 하기

학생들은 가끔 이어폰을 끼고 음악을 들으면서 수학 공부를 하는 모습을 보이곤 합니다. 학생들에게 음악을 들으며 수학 문제를 풀 때 잘 풀리냐고 물어보면 학생들은 더 집중이 잘 된다고 이야기하곤 하지요. 하지만 여러분 중 동시에 몇 가지 일을 잘 할 수 있다고 이야기하는 학생들도 사실은 한 가지 일에서 다른 일로 주의력을 옮기는데 익숙해진 것뿐이지 같은 시간에 여러 가지 일을 집중해서 하고 있는 것은 아닙니다. 수학 공부는 논리적인 것이기 때문에 차근차근하게 공부해야 하고 그 시간에는 수학 공부에만 정신을 집중시켜야 합니다. 음악을 들으면서 풀어지는 문제는 여러분이 공부할 필요가 없는 난이도 중의 문제입니다. 난이도가 높아서 정신을 집중해야 하는 문제는 음악소리도 집중을 방해합니다. 따라서 간식을 먹거나 음악을 들으며 수학 공부를 할 수는 없습니다.

수학 공부를 하려면 음악을 끄고 책상에 바른 자세로 앉아서 공부를 시작하십시오. 능률적인 공부에는 약간의 긴장이 필요합니다.

(3) 내일로 미루기

성적이 좋은 학생들의 특징을 보면 매일 꾸준히 주어진 시간을 낭비 없이 효과적으로 계획을 세워 실천하는 모습을 보입니다. 그런데 학생들과 면담을 해보면 이제부터 수학 공부를 열심히 하겠다고 계획을 세워놓고 일주일 뒤 면담을 해보면 계획대로 해내는 학생들은 의외로 적습니다. 학생들에게 계획을 지키지 못한 이유를 물어보면 여러 가지 이유로 내일로 미루는 행동을 합니다. 처음에는 하루지만 이런 모습이 모이면 절대 성적을 오를 수 없습니다.

결코 내일로 미루지 마세요. 미루다 뒤처지게 되면 따라가기 힘들어집니다. 계획을 세우면 그것을 실천하려고 노력하기 바랍니다.

(4) 자신의 수준에 맞지 않는 문제집 풀기

시험공부를 준비하는 학생들을 보면 다양한 문제집을 선택하여 풀곤 합니다. 그런데 저에게 질문을 하러 오는 학생들을 보면 본인의 실력과는 상관없이 어려운 문제집을 선택해서 고민하는 경우가 많습니다. 공부를 잘하는 친구들이 풀고 있는 문제집이 좋아 보이고 그 문제집을 풀고 나면 실력이 쑥쑥 늘어날 것 같은 마음 때문일 것 같습니다. 그러나 쉬운 시험에도 성적이 잘 안 나오는 학생들의 문제점을 살펴보면 학생들은 모르는 문제를 틀려서가 아니라 아는 문제를 실수로 틀려서 성적이 낮게 나오는 경우가 대부분입니다. 연산을 실수로 틀리거나 개념을 잘못 이해해서 틀리거나 주어진 문제의 조건을 빼먹어서 틀리는 문제가 더 많습니다. 본인의 실력에 맞는 문제집을 선택하여 여러 번 반복해서 완벽하게 푸는 것이 더 좋은 방법입니다.

(5) 풀 수 있는 문제만 많이 풀기

학생들은 수학 성적을 올리기 위해서 정말 많은 수학 문제를 풉니다. 가끔 학생들이 공부하는 것을 보면 저렇게 많은 문제를 풀면 수학천재로 거듭나겠다 싶을 정도입니다. 학교나 학원에서 내준 숙제를 하느라 문제를 풀기도 하고 본인이 자기주도적으로 문제집을 선택하여 풀기도 하지요. 그런데 학생들이 푸는 많은 문제들을 분석해 보면 시간이 부족하다는 이유로 풀 수 있는 문제만 풀고 모르는 문제는 그냥 넘어갑니다. 문제집을 한 권 풀었다고 가정할 때에도 본인이 아는 풀리는 문제만 빨리 풀고 다른 문제집을 선택해서 다시 시작하는 경우도 많습니다. 또한 내용을 완벽하게 이해한 같은 유형의 문제만 여러 번 반복하여 푸는 경우도 많습니다. 하지만 공부를 하는 이유는 모르는 내용을 새롭게 알아가기 위해서입니다. 아는 문제를 100개 풀어봤자 실력은 늘지 않습니다. 지금 풀 수 있는 문제는 나중에도 풀 수 있으니까요. 여러분이 문제집을 푸는 이유도 여러분이 부족한 부분을 찾기 위해서입니다. 그러니 이제 본인이 풀 수 있는 문제를 푸느라 시간 낭비하지 말고 그 시간에 몰랐던 문제를 알아가는 것에 시간을 투자하기 바랍니다.

(6) 눈으로 해답 보며 풀기

문제를 풀고 나서 틀리면 학생들은 고민 없이 바로 해답을 보곤 합니다. 해답을 눈으로 보고 나서 '아! 이렇게 푸는구나'라고 말하곤 하죠. 그런데 이렇게 공부하면 나중에 그와 유사한 문제가 나왔을 때 '옛날에 이런 비슷한 문제를 본 적이 있는데...'하는 기억만 있지 어떻게 풀었는지 기억이 나지 않은 경험을 해 보았을 겁니다.

또한 눈으로 해답을 보고 수학 문제를 풀면 쉬운 문제에서 연산 실수를 해서 틀리게 됩니다. 모르는 문제가 있으면 충분한 시간을 가지고 그 문제에 대해 충분히 고민해 보고 그래도 풀리지 않으면 해답을 보거나 선생님께 질문을 해야 합니다. 해답을 보거나 질문을 해서 이해했으면 거기서 끝이 아니라 다시 한번 천천히 종이에 풀이 과정을 써가면서 풀어보아야 합니다. 처음에는 어렵겠지만 이런 노력이 쌓여서 수학에 대한 성공을 이룰 수 있습니다.

(7) 학원만 다니기

배워야 할 내용을 미리 배우고 싶거나 수학 성적인 부족하다고 느끼는 학생은 학원을 가는 방법을 대부분 선택합니다. 그래서 주위의 학생들을 보면 수학 성적을 올리기 위해서 수학학원을 다니는 학생들이 대부분입니다.

그렇지만 여러분이 자신을 뒤돌아 봤을 때 정말 학원에서 열심히 공부하나요? 그냥 부모님이 가라고 하니까 수동적으로 가서 수업을 듣고 있지는 않은지요. 어려서부터 학원에 다니기 시작한 학생들은 본인이 필요해서 학원을 가는 것이 아니라 습관처럼 학원을 다니곤 합니다. 학교가 끝나면 피곤한 몸을 이끌고 학원에 갑니다. 학원에서 수업을 듣고 집에 와서 씻은 후 숙제를 하면 또 하루가 지나갑니다. 이렇게 생활하면 정말 실력이 쌓일까요?

본인이 필요하다고 느껴야 절박함이 생기고 이 절박함으로 공부를 해야 실력이 쌓입니다. 만약 습관적으로 학원만 다니고 있다면 부모님께 말씀드려서 학원을 잠시 가지 마세요. 그 시간에 집에서 푹 쉬고 체력을 보충하는 것이 입시라는 마라톤에서 더 필요한 것일 수 있습니다.

(8) 잠자는 시간 줄여서 공부하기

학생들을 면담하다 보면 요즘 학생들은 수면시간이 매우 짧습니다. 밤 12시가 넘어서 자는 것은 기본이고 가끔은 수면시간이 4시간 정도밖에 되지 않는 학생들도 있습니다. 여러분은 하루에 몇 시간의 잠을 청하나요? 공부할 시간이 부족하여 정말 4~5시간만 자고 공부하나요? 이렇게 잠자는 시간을 줄여서 공부하면 정말 효과가 있을까요?

여러분은 시험 전날 벼락치기 공부를 해본 경험이 있을 것입니다. 다음 날 시험은 어떻게 해서든 치를 수 있겠지만 벼락치기로 공부하여 암기한 내용은 며칠 지나 떠올려 보려 했을 때 아무런 내용도 기억나지 않을 것입니다. 이유가 무엇일까요?

뇌과학자들의 말에 따르면 새로운 것을 공부하고 암기한 날에는 6시간 이상의 수면을 취해야 한다고 합니다. 우리가 공부를 하면 단기 기억 장소에서 일시적으로 그 정보가 저장됩니다. 얕은 수면인 REM 수면상태에서 다양한 형태로 과거의 기억들을 조합하고 그 정확성을 검토하여 정리하는 작업을 수행하여 장기기억으로 넘어간다고 합니다. 충분한 수면시간을 확보하지 않으면 해마에게 정보를 정리할 시간을 주지 않는 것과 마찬가지이고 해마는 정리 정돈할 수 없는 정보는 불필요하다고 판단하

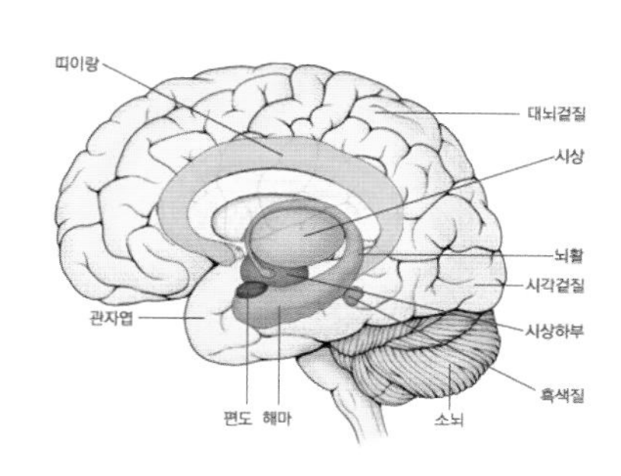

해마(hippocampus)
인간의 뇌에서 기억의 저장에 중요한 역할을 하는 기관으로 감정적인 행동을 조절하기도 합니다.

고 즉시 버리게 됩니다. 즉, 우리가 충분한 수면을 취하는 것은 공부한 것을 확실하게 기억하는데 상당히 중요한 요소이기 때문입니다.

2000년 하버드대학의 로버트 스틱골드(Robert Stickgold) 박사가 다수의 피험자를 상대로 실험을 실시한 결과 기억력 향상을 위해서는 최소 6시간의 수면이 필요하다는 사실을 확인했습니다. 가장 효과적인 수면 시간은 7.5시간이라고 하는데 우리나라 현실에는 좀 안 맞는 것 같긴 합니다.

저는 학생들과 면담을 하다가 수면시간이 6시간 이하인 학생들은 야단을 칩니다. 왜냐하면 낮에 깨어있을 때 그만큼 집중을 해서 공부하지 않았다는 뜻이거든요. 집중을 하는 시간이 많을수록 뇌도 피로감을 느끼기 때문에 저녁때 잠을 일찍 자게 됩니다. 수면시간이 4시간인 정도의 학생들은 학교에서 틈틈이 수면 시간을 확보하기도 합니다. 수업 시간에 졸거나 집중하지 못한 체 시간을 낭비하며 말이죠.

제가 입시지도를 한 학생들 중 최상위권 대학을 가는 친구들은 충분한 수면시간을 확보하고 낮에 맑은 정신으로 열심히 집중해서 공부합니다. 이제 잠자는 시간을 줄이지 마세요. 낮에 집중도를 높이는 것이 성적에는 더 좋은 영향을 끼칩니다.

8. 수학시험 잘 보는 방법

열심히 수학을 공부하고 준비한 학생들 중 많은 학생들이 수학 시험을 보면 좌절을 경험합니다. 학생들을 면담하다 보면 '선생님, 저 정말 많이 준비했는데 자꾸 계산 실수해요', '선생님, 다시 보면 풀리는데 시험시간에는 안 풀려요, 어떡하죠?' 이런 이야기를 제일 많이 합니다.

본인은 정말 힘들여서 준비했는데 원하는 성적으로 보상이 되지 않으면 수학 공부를 하기 싫게 되고 결국 포기하게 됩니다. '나는 해도 수학은 안돼'라고 말이죠.

수학을 열심히 잘 공부했지만 수학 성적이 낮게 받는 학생들이 있는데 그런 학생들을 보면 교사로서 많이 속상합니다. 앞에서 수학을 잘 하는 것과 수학 성적이 높은 것은 다르다고 이미 이야기했습니다. 또한 수학 공부를 하는 방법에 대해서도 이미 이야기했습니다. 여러분이 공부한 것을 시험시간에 발휘할 수 있도록 지금부터 시험을 잘 보는 방법을 이야기해 보겠습니다.

(1) 시험시간에 흔들리지 않는 멘탈 만들기

학생들 중에는 평상시에는 문제를 풀면 잘 푸는데 시험만 보면 시험이라는 중압감 때문에 시험을 망치는 경우가 자주 있습니다. 이런 학생들은 스스로를 새가슴이라고 여깁니다. 그런데 이런 증상을 가진 학생들은 스스로를 잘 믿지 못하고 수학이 약하다고 생각하여 계산 실수 등을 반복적으로 하면서 본인의 실력보다 시험을 더 못 보게 됩니다.

그렇다면 이런 문제는 어떻게 해결해야 할까요?

새가슴을 극복하여 배짱이 두둑한 사람이 되기 위해 가장 좋은 방법은 무엇일까요?

사회심리학자들의 연구에 따르면 새가슴을 탈출할 수 있는 가장 좋은 방법은 본인의 어렵다고 생각되는 일을 익숙하고 편안한 상태로 바꾸는 것이라고 합니다. 그렇다면 어렵다고 생각되는 일을 익숙하고 쉬운 상태로 바꾸는 방법에는 무엇이 있을까요?

여러분도 수학시험을 볼 때 난 잘 할 수 있다는 자신감을 가지고 풀 때와 아직 연습이 덜 되었다고 느낄 때 시험에 대한 중압감 차이는 다를 겁니다. 어려운 일을 익숙하고 쉬운 일로 바꾸는 가장 좋은 방법은 반복적인 연습입니다.

수학이 이해의 학문이라는 점에는 이견이 없지만 수학 시험에서 높은 점수를 받기 위해서는 암기와 반복적인 문제풀이 연습을 반드시 동반해야 합니다. 한 번 학습하여 알고 있는 내용도 여러 번 반복적으로 연습하면 자동적으로 수행할 수 있게 된다고 합니다. 이미 무엇을 어떻게 해야 하는지에 대한 내용을 다 알고 있지만 이를 여러 번 반복하기 때문에 이렇게 공부하는 것을 심리학에서 과도 학습이라고 합니다.

평상시에 수학을 공부할 때는 많은 문제를 푸는 것이 아니라 모르는 문제를 이해하면서 풀어야 하는 것이 맞습니다. 그러나 시험을 준비할 때는 조금 다릅니다.

유형별로 많은 문제를 풀어보면서 이 문제를 어떤 형태로 나와도 풀어낼 수 있다는 자신감을 가질 수 있게 만들어야 합니다. 특히 스스로 새가슴이라고 생각하는 학생들은 더욱 그렇습니다. 과도 학습을 통해서 스스로 자신감이 생길 정도로 공부를 하지 않으면 시험시간에 큰 낭패를 봅니다.

우리가 아는 스포츠 스타들도 보면 본인의 약점을 반복된 연습으로 극복한 사람들이 많이 있습니다. 오랫동안 뛸 수 없는 평발을 가지고 있지만 엄청난 연습으로 세계적인 축구선수가 된 박지성, 동양인보다 서양인의 신체구조에 적합한 발레를 엄청난 노력으로 극복하여 세계적인 발레리나가 된 강수진, 잦은 부상과 국민의 기대라는 중압감을 연습으로 극복해 낸 피겨여왕 김연아, 그런 분들을 보면 여러분도 느껴지는 바가 있을 것입니다. 2018년 동계올림픽 500m 스피드 스케이팅에서 3연패를 아쉽게 놓친 이상화 선수의 스케이트화 속 굳은살이 박인 발도 그들이 얼마나 많은 노력을 했는지 알려주고 있습니다.

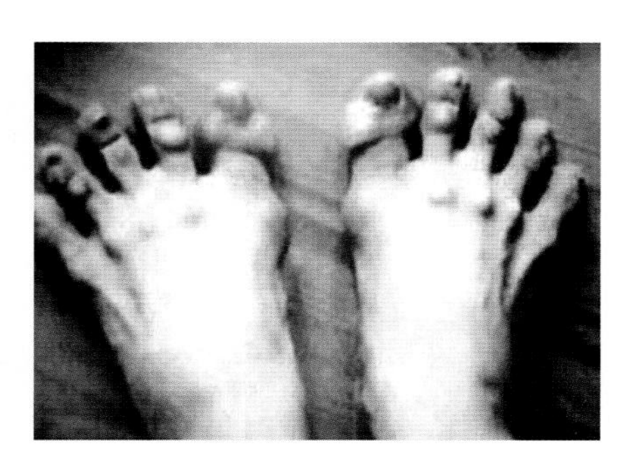

발레리나 강수진의 발

말콤 글래드웰이 말한 1만 시간의 법칙을 여러분도 들어 본 적이 있을 것입니다. 누구나 어느 분야에 1만 시간을 투자하면 그 분야에 전문가가 된다고 하는데 '노력하지 않았는데 최상급인 사람도, 열심히 했는데 두각을 나타내지 못한 학생도 없다'는 그의 말은 생각해 볼 만합니다.

연습을 이겨내는 것은 아무것도 없습니다. 신체적인 스포츠뿐만 아니라 정신적인 과제 수행에 있어서도 반복적인 연습은 기본입니다.

본인 스스로 새가슴이라고 여겨지는 학생들은 오늘도 열심히 수학 문제를 풀어보시기 바랍니다. 본인이 모르던 문제를 반복적으로 풀면 자신감이 생기고 그 자신감이 쌓이면 여러분은 시험시간에도 중압감을 느끼지 않고 편안한 마음으로 여러분의 능력을 보일 수 있을 것입니다.

(2) 스스로 시험 준비 기준 높이기

학생들이 시험을 보고 나서 가장 힘들어할 때는 정말 열심히 연습하고 준비했는데 성적이 나오지 않았을 때입니다. 중학교 때보다 문제도 더 많이 풀고 학원도 다니면서 준비했는데 성적은 그대로라고 하소연합니다. 그런데 여러분 정말 열심히 준비한 것이 맞나요?

학습 시간은 늘었지만 집중해서 공부한 시간도 늘어난 것이 사실인가요?

사람들은 무슨 일을 시작할 때 기준이 과거의 자기 자신인 경우가 많습니다. 여러분도 수학 공부를 많이 했다고 말할 때 그것은 중학교 때 자신보다 많이 했다는 것일 겁니다. 하지만 성적이 최상위권인 학생들이 하는 공부의 양을 여러분은 알지 못할 때가 많습니다.

학교에서 보면 가끔 시험공부를 다 못했다고 하는 친구가 본인보다 성적이 좋으면 그 친구가 거짓말을 했다고 생각합니다. 그러나 그것은 기준의 차이에서 오는 오해입니다.

쉽게 예를 들어, 문제집 10권을 완벽하게 풀어야 시험 준비를 다했다고 생각하는 A군이 있습니다. 이 친구는 시험을 준비하면서 8권 밖에 풀지 않았다면 친구들에게 시험공부를 다 못했다고 말할 것입니다. 그런데, 처음으로 공부를 시작한 B군이 있습니다. 이 친구는 공부를 하는 것에 있어서 기준이 과거의 자신이므로 문제집을 2권 끝내고 시험공부가 다 끝났다고 친구들에게 말할 것입니다. A군과 B군 중 누가 성적이 좋았는지는 여러분에게 이야기하지 않아도 되겠죠?

예를 극단적으로 들기 위해서 문제집 권수로 이야기했는데 이렇듯 학교에서 보면 최상위권 학생들이 시험을 위해서 준비하는 공부시간을 보면 정말 타의 추종을 불허합니다. 휴대폰도 가지고 다니지 않으며 음악을 들으면서 공부를 하지도 않습니다. 학교의 쉬는 시간과 자습 시간에도 본인의 계획에 맞춰서 실천을 합니다. 오늘 할 일을 내일로 미루지도 않고 모든 시간을 집중해서 시험 준비를 합니다. 그에 비해 중위권 학생들은 시험 준비하면서 스마트폰은 항상 가지고 있고 TV도 가끔 보고 인터넷도 하고 음악을 들으면서 공부를 하곤 하지요. 집중도와 공부하는 시간에서 벌써 엄청난 차이를 보이기 때문에 중위권 학생들이 최상위권으로 올라가는 것은 하늘의 별 따기와 같습니다.

스스로 시험공부를 준비하는 기준을 높여야 합니다. 스마트폰도 시험 준비 기간엔 부모님이나 선생님께 맡겨 놓으세요. 저희 반 학생들 중에도 가끔 공부를 하겠다고 마음먹은 친구들이 저에게 스마트폰을 자주 맡겨 놓곤 합니다. 가지고 있으면 공부에 집중하지 않고 SNS나 인터넷을 하느라 시간을 허비한다고 말입니다. 이런 학생들은 시험 준비 기간에 맡겨 놓았다가 시험이 끝나면 스마트폰을 받아 갑니다. 집에서 TV도 보지 않아야 하며 학교의 쉬는 시간, 자습 시간에도 계획에 맞춰서 공부해야 합니다.

제가 알던 한 학생도 고등학교 1학년 때는 반에서 하위권이었지만 열심히 노력해서 명문대에 진학하였습니다. 그 학생이 뒤처진 그 시간을 만

회하기 위해서 들인 노력은 정말 눈물겨웠습니다. 여러분 아직 늦지 않았습니다. 이제부터 기준을 높여서 여러분 스스로 노력하기 바랍니다.

(3) 효과적인 문제집 풀이

요즘 학생들이 푸는 문제집은 유형별로 정리가 되어있는 문제집이 많습니다. 수능 연계 교재인 수능특강과 수능완성 역시 유형별로 나누어 예제 문제와 유제 문제를 풀고 실전문제에 적용하는 문제집 형식으로 구성되어 있습니다. 이런 문제집을 푸는 데 익숙해진 학생들은 본인도 모르게 힌트를 얻고 있다는 사실을 망각합니다. 유형으로 나누어져 있기 때문에 거기에 나온 문제는 대표 유형을 푸는 방법으로 풀면 풀리는 것입니다. 이렇게 공부를 하게 되면 학생들은 그 단원을 다 이해한 것 같은 착각에 빠지지만 사실은 그렇지 않습니다.

그래서 수능 모의고사나 학교 시험을 보면 그 문제가 어느 단원에서 나온 것인지 찾지 못할 때가 많고 문제가 물어보는 개념을 이해하지 못할 때도 많습니다. 따라서 문제집으로 충분히 문제 유형에 적응된 학생은 이제 시험문제처럼 여러 단원의 문제가 같이 있는 대단원 평가 문제로 시험 준비를 해야 합니다.

(4) 시간에 맞춰서 실전문제 연습하기

앞에서 말했듯이 개념을 완벽하게 이해하고 실전문제를 많이 푼다고 시험을 잘 보는 것은 아닙니다. 문제 유형에 충분히 적응이 되었으면 시간에 맞춰서 실전 연습을 해야 합니다. 시험은 스스로 공부하는 것처럼 여유롭게 시간이 주어지지 않습니다. 내신 시험은 50분이라는 시간 안에 수능은 100분이라는 시간 안에 주어진 문제를 다 풀어내야 합니다. 잘 안 풀리는 문제가 중간에 있으면 당황하며 시간 분배를 잘 못해서 시험을 망치는 학생들도 많이 있습니다. 따라서 실전문제를 시간에 맞춰 시험 보듯이 풀어보며 시험공부를 해야 합니다.

저는 학생들에게 수능 모의고사 문제는 90분에 맞춰서 풀어보라고 조언합니다. 시험의 중압감을 이겨내고 본인의 실력을 맘껏 발휘하기 위해서는 연습이 중요합니다. 연습은 실전처럼, 실전은 연습처럼이라는 말처럼 실전에 맞게 준비해서 본인의 역량을 충분히 발휘하기 바랍니다.

II

수학의 언어,
문자와 식

우리가 영어를 배우기 위해서는 a, b, c 라는 알파벳을 먼저 배우듯이 마찬가지로 수학을 공부하기 위해서 우리는 숫자와 사칙연산이라는 부분을 초등학교 때 배웠습니다. 수학을 표현하기 위한 언어로 초등학교 때는 수를 배우고 중학교 때 부터는 문자와 식을 배우게 됩니다. 또한 중학교 때 배운 문자와 식을 이용하여 이미 이차식의 사칙연산과 인수분해를 배웠습니다. 고등학교에서는 좀 더 복잡한 다항식을 배우고 이 식의 사칙연산과 인수분해를 배워서 수학문제를 해결하고자 합니다. 또한 복잡한 문자와 식의 사칙연산과 인수분해들은 앞으로 여러분이 배울 수학의 여러 분야에 학습의 기초가 되기도 합니다.

그렇다면 문자와 식은 왜 필요할까요?

조선 시대 나온 『구일집』이나 고대 중국 수학책 『구장산술』을 보면 다양한 수학문제와 그 풀이가 기호나 수식이 아닌 문장으로 쓰여져 있기 때문에 이를 이해하고 푸는 데 많은 어려움이 있습니다. 이 책에 나와 있는 내용을 문자와 식으로 나타내서 풀면 훨씬 쉽게 풀 수 있습니다.

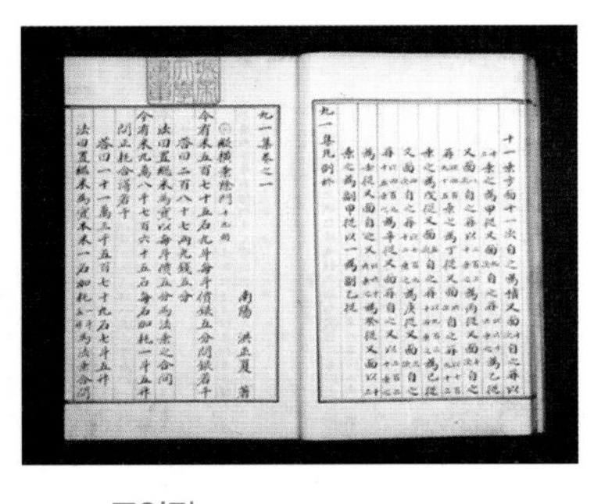

구일집

1724년 홍정화가 쓴 조선시대 수학책

Quiz

크고 작은 두 개의 정사각형이 있는데 두 정사각형의 넓이의 합은 468평방자이고 큰 정사각형의 한 변의 길이는 작은 정사각형의 한 변의 길이보다 6자 만큼 길다. 두 정사각형의 각 변의 길이는 얼마인가?

위의 문제는 『구일집』에 나온 문제입니다. 이 문제를 그 당시에는 글로 써서 풀어내야 해서 어려웠지만 지금은 문자와 식을 이용해서 쉽게 풀 수 있습니다.

〈풀이〉 두 정사각형의 한 변의 길이를 각각 a , b (단, $a > b$)라 놓으면

$$\begin{cases} a^2 + b^2 = 468 & \cdots ① \\ a = b + 6 & \cdots ② \end{cases}$$

②를 ①식에 대입하여 풀면

$(b+6)^2 + b^2 = 468$, $b^2+6b-216 = (b-12)(b+18) = 0$

$\therefore\ b = 12$ 또는 -18

$b > 0$ 이므로 $a = 18$, $b = 12$

따라서 두 정사각형의 각 변의 길이는 18자, 12자이다.

이렇게 문장으로 주어진 문제를 수학적 기호, 문자, 식을 사용하여 나타낸 후, 다항식의 사칙연산을 이용하면 쉽게 해결할 수 있다는 사실을 알 수 있습니다.

문자와 식으로 나타내서 인수분해를 하면 훨씬 빠르고 쉽게 풀 수 있죠? 그래서 수학을 나타내는 언어, 문자와 식 그리고 식의 연산이 중요합니다.

9. 다항식의 연산이 무엇인지 아시나요?

① 다항식의 덧셈과 뺄셈

초등학교 학생들이 초등학교에 입학하면 수에 대한 덧셈, 뺄셈, 곱셈, 나눗셈 등의 사칙연산을 배웁니다. 중학교에서는 다항식의 덧셈, 뺄셈, 곱셈, 나눗셈을 배우며 고등학교에서는 좀 더 복잡한 다항식의 곱셈과 나눗셈을 배우게 됩니다.

중학교 때 배운 다항식의 덧셈, 뺄셈이 쉬워 보이지만 학생들 중에는 $2x + x = (2 + 1)x = 3x$ 등을 잘 계산하지 못하는 경우도 많이 있습니다. 따라서, 중학교 때 배운 다항식의 사칙연산을 다시 한번 복습하고 이 단원을 보면 좀 더 쉽게 공부할 수 있을 것입니다.

다항식의 덧셈과 뺄셈은 동류항끼리 모아 정리하여 계산하고 한 문자에 대해서 내림차순 또는 오름차순으로 정리하여 계산하면 편리합니다. 다항식의 덧셈과 뺄셈은 여러분이 쉽게 잘 할 수 있습니다.

다항식

수와 문자의 곱으로 이루어진 $\frac{1}{2}$, x, $2xy^2$ 과 같은 식을 항이라고 하며, $x^2 - 2x - 3$, $2x^2y + 3$와 같이 여러 개의 항의 합으로 이루어진 식을 다항식이라고 합니다.

② 다항식의 곱셈

다항식의 곱셈도 수의 곱셈과 마찬가지로 교환법칙, 결합법칙, 분배법칙이 성립하므로, 곱하는 순서나 괄호를 계산하는 방법 등이 수의 곱셈과 같습니다.

다항식의 곱셈은 천천히 계산하면 누구나 풀 수 있지만 시간이 걸리는 작업이므로 곱셈공식을 이용하여 문제를 풀면 더욱더 빠르게 풀 수 있습니다.

연산기호
우리가 사용하는 연산 기호는 누가 먼저 사용했을까요?
- +, − : 독일의 비트만(Widmann, J., 1462~1498)
- × : 오트레드(Oughtred, W., 1574~1660)
- 곱의 기호 • : 라이프니츠(Leibniz, G. W., 1646~1716)
- ÷ 는 10세기경에 사용된 것으로 기록됨

〈중학교 때 배운 곱셈공식〉

① $(a\pm b)^2 = a^2 \pm 2ab + b^2$
② $(a+b)(a-b) = a^2 - b^2$
③ $(x+a)(x+b) = x^2 + (a+b)x + ab$
④ $(ax+b)(cx+d) = acx^2 + (ad+bc)x + bd$

다항식의 곱셈은 중학교에서 학습한 내용을 토대로 고등학교에서 좀 더 추가된 내용이 있습니다. 중학교에서 학습한 곱셈 공식을 이용하여 좀 더 복잡한 다항식의 곱을 전개하고 다항식의 곱셈 공식을 유도해 보면 아래와 같습니다.

〈고등학교에서 배우는 곱셈공식〉

① $(a+b+c)^2 = a^2 + b^2 + c^2 + 2ab + 2bc + 2ca$
② $(a+b)^3 = a^3 + 3a^2b + 3ab^2 + b^3$, $(a-b)^3 = a^3 - 3a^2b + 3ab^2 - b^3$
③ $(a+b)(a^2 - ab + b^2) = a^3 + b^3$, $(a-b)(a^2 + ab + b^2) = a^3 - b^3$

③ 다항식의 나눗셈

다항식을 나눗셈으로 나눌 때는 각 다항식을 차수가 높은 항부터 낮은 항의 순서로 정리한 후 자연수의 나눗셈과 같은 방법으로 계산하여 몫과 나머지를 구할 수 있습니다. 다항식의 나눗셈에서 나머지의 차수는 나누는 식의 차수보다 낮아지거나 나머지가 상수가 될 때까지 계속 나누어야 하며, 다항식을 일차식으로 나누면 나머지는 상수가 됩니다.

좀 더 자세히 자연수의 나눗셈과 다항식의 나눗셈을 비교하면 다음과 같습니다.

(i) 자연수의 나눗셈

두 자연수 a, b에 대하여 a를 b로 나누었을 때의 몫을 q, 나머지를 r이라고 하면

$a = bq + r$ (단, $0 \leq r < b$)

이때 $r = 0$ 이면 a는 b로 나누어 떨어진다고 한다.

(ii) 다항식의 나눗셈

두 다항식 A, B(B$\neq$0)에 대하여 A를 B로 나누었을 때의 몫을 Q, 나머지를 R라고 하면

$$\begin{array}{r|l} & \text{Q} \quad \leftarrow \text{몫} \\ \hline \text{B} & \text{A} \\ & \vdots \\ \hline & \text{R} \quad \leftarrow \text{나머지} \end{array}$$

$\mathrm{A} = \mathrm{BQ} + \mathrm{R}$ (단, (R 의 차수)<(B 의 차수))

이때 $\mathrm{R} = 0$이면 A는 B로 나누어떨어진다고 한다.

<자연수의 나눗셈> **<다항식의 나눗셈>**

$$
\begin{array}{r|r l}
 & 21 & \leftarrow \text{몫} \\
\hline
24 & 513 & \\
 & 48 & \leftarrow 24\times20 \\
\cline{2-2}
 & 33 & \\
 & 24 & \leftarrow 24\times1 \\
\cline{2-2}
 & 9 & \leftarrow \text{나머지}
\end{array}
$$

$$
\begin{array}{r|l l}
 & 3x \quad -5 & \leftarrow \text{몫} \\
\hline
x^2+1 & 3x^3 \ -5x^2 \ +4x \ -1 & \\
 & 3x^3 \qquad\qquad +3x & \leftarrow (x^2+1)\times 3x \\
\cline{2-2}
 & \qquad -5x^2 \ +x \ -1 & \\
 & \qquad -5x^2 \ -5 & \leftarrow (x^2+1)\times(-5) \\
\cline{2-2}
 & \qquad\qquad\quad x \ +4 & \leftarrow \text{나머지}
\end{array}
$$

다항식의 나눗셈을 할 때는 차수가 높은 항부터 낮아지는 순서, 즉 내림차순으로 정리한 후 계수가 0인 항은 그 자리를 비워두고 자연수의 나눗셈과 같은 방법으로 계산하면 편리합니다.

이 단원을 잘 공부하셨다면 아래와 같은 연습문제는 쉽게 풀 수 있습니다.

<연습문제>

1. 두 다항식 A , B 에 대하여

   $2A + B = 5x^2 - xy + 3y^2$

   $A - B = x^2 + 4xy - 12y^2$

   이 성립할 때, $A + 2B$를 계산하시오.

2. $x + y = 2$, $xy = -3$ 때, $(x^2 + y^2)(x^3 + y^3)$의 값을 구하시오.

<해답>

1. 학습목표 　다항식의 덧셈과 뺄셈을 할 수 있다.

풀이

$2\mathrm{A}+\mathrm{B} = 5x^2 - xy + 3y^2$ ...... ①

$\mathrm{A}-\mathrm{B} = x^2 + 4xy - 12y^2$ ...... ②

①+②를 하면

$3\mathrm{A} = 6x^2 + 3xy - 9y^2$ 이므로 $\mathrm{A} = 2x^2 + xy - 3y^2$

①$- 2 \times$②를 하면

$3\mathrm{B} = 3x^2 - 9xy + 27y^2$ 이므로 $\mathrm{B} = x^2 - 3xy + 9y^2$

따라서 $\mathrm{A}+2\mathrm{B} = 4x^2 - 5xy + 15y^2$

다른 풀이

① $-$ ②를 하면

$\mathrm{A}+2\mathrm{B} = 4x^2 - 5xy + 15y^2$

2. 학습목표 　다항식의 곱셈 공식을 변형하여 주어진 식의 값을 구할 수 있다.

풀이

$x^2 + y^2 = (x + y)^2 - 2xy = 2^2 - 2 \times (-3) = 10$

$x^3 + y^3 = (x + y)^3 - 3xy(x+y) = 2^3 - 3 \times (-3) \times 2 = 26$

이므로 $(x^2 + y^2)(x^3 + y^3) = 10 \times 26 = 260$

10. 나머지정리는 왜 사용하나요?

앞에서 우리는 수를 사칙연산을 하듯이 다항식도 똑같이 사칙연산을 한다고 배웠습니다. 나눗셈 역시 마찬가지입니다. 다항식의 나눗셈에서 나머지를 구하기 위해서 $\overline{)\qquad}$ 를 이용하여 직접 나누어보아도 상관없습니다. 하지만, 이제 고등학생이 되었으니 항등식의 성질과 나머지 정리를 이용하여 다항식의 나머지를 좀 더 빠르고 편리하게 구해보려고 합니다.

① **항등식**

등식이란 숫자·문자로 식을 표현하고 등호(=)로 수식을 연결하여 나타낸 것을 말합니다. 우리가 지금까지 배운 등식으로는 중학교 때 $x+3=0$, $2x-4=0$와 같은 일차방정식이 있습니다. 일차방정식을 풀기 위해서 등식의 양변에 같은 수를 더하거나 빼거나 곱해도 0 이 아닌 수로 양변을 나누어도 등식은 성립한다는 등식의 성질을 이용하였습니다.

그렇다면 등식에는 방정식만 있나요?

등식 $(x+1)(x-2)=x^2-x-2$과 같이 x에 어떤 값을 대입하여도 항상 성립하는 등식을 x에 대한 항등식이라고 합니다.

항등식의 성질

① $ax^2+bx+c=0$이 x에 대한 항등식이면 $a=0, b=0, c=0$이다.

② $ax^2+bx+c=a'x^2+b'x+c'$이 x에 대한 항등식이면
$a=a', b=b', c=c'$이다.

이제 항등식의 뜻과 항등식의 성질을 이용하여 주어진 등식에서 미지의 계수를 구해보고자 합니다. 이렇게 미지의 계수를 구하는 방법을 미정계수법이라고 합니다.

미정계수법에는 수치대입법과 계수비교법이 있습니다. 수치대입법은 'x에 어떤 값을 대입하여도 항상 성립하는 등식'이라는 항등식의 뜻을 이용하는 방법으로 문자에 0, 1, -1등의 작은 값을 대입하거나 수식이 0이 되게 하는 수를 대입하면 편리합니다. 계수비교법은 '항등식의 양변의 같은 차수의 항의 계수는 같다'라는 항등식의 성질을 이용하는 방법으로 항등식을 전개하여 계수를 비교하여 미정계수를 정하는 방법입니다.

미정계수 결정
수치대입법 – 전개 불가일 때 사용
계수비교법 – 전개 가능일 때 사용

등식 $a(x-1)^2+b(x-1)+c=x^2+x-2$가 x에 대한 항등식이 되도록 하는 세 상수 a, b, c의 값을 각각 구하시오.

풀이 수치대입법

주어진 등식이 x에 대한 항등식이므로 $x=0, x=1, x=2$ 일 때에도 등식은 성립한다.

$x=1$을 대입하면 $c=0$이므로

$a(x-1)^2+b(x-1)=x^2+x-2$ ……①

①에 $x=0, x=2$를 대입하면

$a-b=-2$ ……②

$a+b=4$ ……③

②, ③을 연립하여 풀면

$a=1, b=3$

따라서 $a=1, b=3, c=0$ 

계수비교법

주어진 식의 좌변을 전개하여 정리하면

$ax^2+(-2a+b)x+a-b+c=x^2+x-2$

양변의 x^2의 계수를 서로 비교하면 $a=1$이므로

$x^2+(b-2)x-b+c+1=x^2+x-2$ ……①

①의 양변의 동류항의 계수를 서로 비교하면

$b-2=1$ ……②

$-b+c+1=-2$ ……③

②, ③을 연립하여 풀면

$b=3, c=0$

따라서 $a=1, b=3, c=0$ 

미정계수를 정할 때 수치대입법을 쓸 것인지 계수비교법을 쓸 것인지는 주어진 문제에 따라 달라집니다. 어느 방법을 써도 상관없지만 전개가 불가능한 식을 포함하는 항등식에서는 반드시 수치대입법을 사용하는 것이 편리합니다.

예를 들어 다음과 같은 문제에서 수치대입법을 사용하면 문제해결이 가능해집니다.

등식 $x(x-1)\mathrm{P}(x) = x^4 + ax + b$가 x에 대한 항등식이 되도록 두 상수 a, b의 값을 구하시오.

〈Hint〉 다항식 $\mathrm{P}(x)$를 알 수 없으므로 좌변을 전개하여 계수를 비교하는 것이 힘든 것을 알 수 있다.

풀이

주어진 등식이 x에 대한 항등식이므로 $x=0, x=1$ 일 때에도 등식은 성립한다.

$x=0, x=1$을 각각 대입하여 정리하면

$b=0, 1+a+b=0$

따라서, $a=-1, b=0$ 답

다항식에서 항등식의 성질을 활용하여 나머지를 구할 수 있기 때문에 반드시 항등식의 뜻과 성질은 잘 알고 있어야 합니다.

② 나머지정리

다항식의 나눗셈에서 나머지를 구하기 위해서 $\overline{)\quad\quad}$를 이용하여 직접 나누어보아야 합니다. 그런데, 다항식을 일차식으로 나누었을 때의 나머지를 구할 때도 이 방법을 써야 할까요? 좀 더 빠른 방법이 있지 않을까요?

그 방법이 바로 나머지정리입니다. x에 대한 다항식 $\mathrm{P}(x)$를 일차식 $x-a$로 나누었을 때의 몫을 $\mathrm{Q}(x)$, 나머지를 R라 하면

$\mathrm{P}(x)=(x-a)\mathrm{Q}(x)+\mathrm{R}$ 이 성립합니다. 이 등식은 x에 대한 항등식이므로 양변에

$x=a$를 대입하면 $\mathrm{R}=\mathrm{P}(a)$ 임을 알 수 있습니다.

나머지정리

다항식 $\mathrm{P}(x)$를 일차식 $x-a$로 나누었을 때의 나머지를 R라 하면 $\mathrm{R}=\mathrm{P}(a)$

나머지정리는 일차식으로 나눌 때에만 성립하므로 일차식으로 나눴을 때 나머지를 구할 때는 편리하지만 몫을 구할 때는 사용할 수 없습니다. 따라서, 다항식을 일차식으로 나누었을 때의 몫은 직접 나누거나 조립제법을 이용하여 구하고, 이차 이상의 다항식으로 나누었을 때의 몫과 나머지는 직접 나누어서 구하는 것입니다.

다항식 $\mathrm{P}(x)=x^3-x^2+2x+6$을 $x+1$으로 나누었을 때의 나머지를 구하시오.

풀이

다항식 $\mathrm{P}(x)=x^3-x^2+2x+6$을 $x+1$로 나누었을 때의 나머지는

$\mathrm{P}(-1)=(-1)^3-(-1)^2+2\times(-1)+6=2$

나머지정리를 좀 더 활용해서 다항식 $\mathrm{P}(x)$를 나누는 일차식의 꼴에 따라 나머지를 구하면 다음과 같습니다.

① 다항식 $\mathrm{P}(x)$를 일차식 $x+a$로 나누면 나머지는 $\mathrm{P}(-a)$이다.

② 다항식 $\mathrm{P}(x)$를 일차식 $ax-b$로 나누면 나머지는 $\mathrm{P}\left(\frac{b}{a}\right)$이다.

③ 다항식 $\mathrm{P}(x)$를 일차식 $ax+b$로 나누면 나머지는 $\mathrm{P}\left(-\frac{b}{a}\right)$이다.

③ 인수정리

나머지정리를 이용하여 나머지를 구할 때 0이 나오는 경우가 생깁니다. 나머지가 0이 된다는 것은 다항식 $\mathrm{P}(x)$가 일차식과 다른 다항식의 곱으로 표현되는 것입니다. $6=2\times3$ 이렇게 자연수를 소인수분해하듯이 다항식 $\mathrm{P}(x)$가 일차식 $x-a$로 나누었을 때 나머지가 0이면

$\mathrm{P}(x)=(x-a)\mathrm{Q}(x)$ 가 되므로 $x-a$를 다항식 $\mathrm{P}(x)$의 인수라고 합니다.

인수정리

다항식 $\mathrm{P}(x)$가 $\mathrm{P}(a)=0$이면 다항식 $\mathrm{P}(x)$는 일차식 $x-a$로 나누어 떨어진다.
다항식 $\mathrm{P}(x)$가 일차식 $x-a$로 나누어 떨어지면 $\mathrm{P}(a)=0$이다.

항등식의 성질과 나머지정리를 활용하면 인수정리를 이해가 쉬워지고 인수정리는 실제로 나눗셈을 하지 않고 인수를 가지는지 판단하는데 사용됩니다.

④ 조립제법

앞에서 설명했듯이 나머지정리를 이용하면 다항식을 일차식으로 나누었을 때의 나머지는 쉽게 구할 수 있지만 몫을 구할 수 없습니다. 일차식으로 나눌 때 몫을 쉽게 구하는 방법이 바로 조립제법입니다.

다항식 $x^3-2x+11$ 를 $x-2$ 으로 나누었을 때의 몫과 나머지를 각각 구하시오.

풀이

오른쪽과 같이 조립제법을 이용하면 다항식 $x^3-2x+11$를 $x-2$ 로 나누었을 때의 몫은 x^2+2x+2이고, 나머지는 15이다.

$$
\begin{array}{c|cccc}
2 & 1 & 0 & -2 & 11 \\
 & & 2 & 4 & 4 \\
\hline
 & 1 & 2 & 2 & \boxed{15}
\end{array}
$$

조립제법은 다항식을 일차식으로 나누었을 때의 몫과 나머지를 계수만을 이용하여 구하는 방법으로 조립제법을 이용하여 몫을 구할 때에는 나누는 일차식에서 일차항의 계수는 1이어야 함을 유의해야 합니다.

다항식을 직접 나누어서 몫과 나머지를 구하는 것도 방법이지만 문제에 따라서 몫과 나머지를 모두 구할 때는 조립제법을 이용하는 것이 편리하고, 나머지만을 구할 때에는 나머지정리를 이용하는 것이 편리합니다. 이 사실을 머릿속에 도식화 해 놓으면 문제가 쉽게 풀어집니다.

<연습문제>

1. 등식 $ax^2+5x-3=2x^2+bx-c$ 가 x에 대한 항등식이 되도록 하는 세 상수 a, b, c의 값을 각각 구하시오.

2. 다항식 $\mathrm{P}(x)=x^3+x^2-ax+2$ 가 $x-1$을 인수로 가질 때, 다항식 $x\mathrm{P}(x)$를 $x-2$로 나누었을 때의 나머지를 구하시오.(단, a는 상수이다)

<해답>

1. 학습목표 항등식의 성질을 이해할 수 있다.

풀이 양변의 동류항의 계수를 서로 비교하여 구하면

$a=2, b=5, c=3$

2. 학습목표 인수정리와 나머지정리를 이해할 수 있다.

풀이 $\mathrm{P}(1)=1^3+1^2-a+2=-a+4=0$이므로

$a=4$, 즉 $\mathrm{P}(x)=x^3+x^2-4x+2$

$x\mathrm{P}(x)$를 $x-2$로 나누었을 때의 나머지는

$2\mathrm{P}(2)$이므로 $2\mathrm{P}(2)=2(2^3+2^2-4\times 2+2)=12$

11. 문자를 포함한 식도 인수분해 할 수 있어요.

다항식도 자연수와 마찬가지로 인수의 곱으로 나타내는 인수분해를 할 수 있습니다. 하나의 다항식을 두 개 이상의 다항식의 곱으로 나타내는 것을 인수분해라고 합니다.

• 소수 : 1보다 큰 자연수 중에서 1과 그 수 자신만을 약수로 가지는 수. 예를 들어 2,3,5,7,11 등이 있음.

• 소인수 : 자연수의 약수 중 소수인 약수

• 소인수분해 : 자연수를 소인수의 곱으로 나타낸 것

$12=2^2\times 3$

$$x^2-2x-3 \underset{\text{전개}}{\overset{\text{인수분해}}{\rightleftarrows}} (x+1)(x-3)$$

인수분해는 다항식의 전개과정을 거꾸로 생각한 것이므로 앞에서 배운 곱셈공식으로부터 다음과 같은 공식을 유도할 수 있습니다.

① $a^2+b^2+c^2+2ab+2bc+2ca=(a+b+c)^2$

② $a^3+3a^2b+3ab^2+b^3=(a+b)^3$

$a^3-3a^2b+3ab^2-b^3=(a-b)^3$

③ $a^3+b^3=(a+b)(a^2-ab+b^2)$

$a^3-b^3=(a-b)(a^2+ab+b^2)$

중학교때 배운 인수분해 공식

① $ma+mb=m(a+b)$

② $a^2+2ab+b^2=(a+b)^2$

$a^2-2ab+b^2=(a-b)^2$

③ $a^2-b^2=(a+b)(a-b)$

④ $x^2+(a+b)x+ab$
$=(x+a)(x+b)$

⑤ $acx^2+(ad+bc)x+bd$
$=(ax+b)(cx+d)$

그렇다면 인수분해는 인수분해 공식만을 이용해서 할 수 있는 건가요? 아닙니다. 인수분해는 인수정리와 조립제법을 이용하여 인수분해를 할 수도 있습니다. 이 단원에서는 여러분이 인수분해를 자유자재로 할 수 있도록 연습해야 합니다. 다항식의 인수분해를 잘 할 수 있어야 다음 단원에 나오는 방정식의 해를 구할 때 편리하게 사용할 수 있습니다.

<연습문제>

1. 다음 식을 인수분해 하시오.

(1) x^3+8

(2) x^3-2x^2-x+2

<해답>

1. 학습목표 인수분해 공식을 이용하여 인수분해 할 수 있다.

풀이 $x^3+8=(x+2)(x^2-2x+4)$

2. 학습목표 인수정리와 조립제법을 이용하여 인수분해 할 수 있게 한다.

풀이 오른쪽과 같이 조립제법을 이용하여 인수분해하면

$$x^3-2x^2-x+2$$
$$=(x-1)(x^2-x-2)$$
$$=(x-1)(x+1)(x-2)$$

$$\begin{array}{c|cccc} 1 & 1 & -2 & -1 & 2 \\ & & 1 & -1 & -2 \\ \hline & 1 & -1 & -2 & \boxed{0} \end{array}$$

12. 문자와 식 다음엔 무엇을 배우나요?

이 단원에서는 문자와 식인 다항식에 대해서 배워보았습니다. 그렇다면 이 내용은 교육과정에서 전과 후에 어떤 내용과 연관이 되는지 알아보겠습니다.

선수학습 교육과정	
세부사항	[중1] 1. 문자의 사용과 식의 계산 [중2] 3. 식의 계산 [중3] 5. 다항식의 곱셈과 인수분해
학습요소	대입, 다항식, 항, 단항식, 상수항, 계수, 차수, 일차식, 동류항, 인수, 인수분해

고1 교육과정	
세부사항	Ⅰ. 다항식 1. 다항식의 연산 2. 나머지정리 3. 인수분해
학습요소	미정계수법, 나머지 정리, 인수정리, 조립제법

후속학습 교육과정	
세부사항	[수Ⅰ] 1. 지수와 로그
학습요소	거듭제곱근, 로그, 로그의 밑, 진수, 상용로그, $\sqrt[n]{a}$, $\log_a N$, $\log N$

중학교 때부터 배워온 문자와 식의 계산을 고등학교 1학년 때는 다항식의 연산으로 좀 더 연습을 합니다. 다항식의 연산이 익숙해지면 고2 때 지수와 로그에 나오는 지수법칙과 로그의 성질을 이해하고 이를 활용하여 지수와 로그 식의 연산을 해야 합니다. 지수와 로그는 지수함수와 로그함수에 이용되므로 잘 알아두어야 합니다.

수학 문제 해결의 도구,
방정식과 부등식

우리가 생활하면서 접하게 되는 수학적 문제는 문장으로 구성되어 있는 것이 대부분입니다.

〈문제풀이〉
처음 상품의 가격을 x라 놓으면
$x(1-0.3)(1-0.2)=5600$
$\therefore x=10000$
이 상품의 처음 가격은 10,000원입니다.

예를 들어, '어떤 상품을 30% 정기할인 행사를 하다가 상품이 팔리지 않아서 할인가격의 20%를 추가로 할인했더니 이 상품의 가격이 5,600원입니다. 이 상품의 처음 가격은 얼마인가요?' 이런 문제들 말이죠.

이런 문제를 문자와 식으로 표현하는 것을 앞의 단원에서 배웠고 이 단원에서는 이런 문제를 해결하기 위한 방법으로의 방정식과 부등식을 배우려고 합니다. 이렇듯 방정식과 부등식은 수학의 여러 분야 학습의 기초가 되고 문제를 해결하는 중요한 도구가 됩니다.

이렇게 우리의 생활과 밀접한 관계가 있는 방정식은 언제부터 발전하게 되었을까요?

• 방정식 이라는 용어는 '구장산술' 제8장의 제목인 '방정(方程)'에서 유래했습니다.

방정식은 인류가 수학이라는 부분에 관심을 갖기 시작한 시기부터 함께 했습니다. 고대 이집트시대에 아메스의 파피루스(B.C. 1650년경)에 처음으로 일차방정식의 해법이 등장하였고 탈레스는 피라미드의 높이를 측정하는데 비례식을 이용하여 일차방정식을 풀었다고 알려져 있습니다.

기원전 2000년에 바빌로니아인들의 기록에도 이차방정식의 근의 공식에 의한 풀이를 찾을 수 있으며, 고대 중국의 수학서인 '구장산술'에도 그 기록이 나와 있습니다. 기원전 2000년 전부터 이차방정식의 근의 공식이라니 인류는 정말 대단한 것 같습니다.

이렇듯 인류는 일차, 이차 방정식에 대한 풀이방법을 이미 고대시대부터 알고 있었습니다. 르네상스 시대에 아라비아 수학책이 라틴어로 번역되어 유럽에 소개되면서 고차방정식의 해법에 대한 연구가 큰 발전을 이루었습니다.

이탈리아의 수학자 타르탈리아(Tartaglia, N. F., 1499~1557)는 삼차방정식의 근의 공식을 찾았지만 발표하지 못했고, 당시 수학 교수였던 카르다노(Cardano. G., 1501~1576)가 그 해법을 배운 후 자신의 결과인 듯 발표하여, 이후 카르다노의 해법으로 불리고 있습니다.

3차방정식의 근의 공식을 알려드릴게요.

삼차방정식 $ax^3+bx^2+cx+d=0(a\neq 0)$에 대하여

$x=y-\dfrac{b}{3a}$로 놓고 식을 정리하면

$$y^3+\left(\frac{c}{a}-\frac{b^2}{3a^2}\right)y+\frac{d}{a}-\frac{bc}{3a^2}+\frac{2b^3}{27a^3}=0$$

이때 $p=\dfrac{1}{3}\left(\dfrac{c}{a}-\dfrac{b^2}{3a^2}\right)$, $q=-\dfrac{1}{2}\left(\dfrac{4b^3}{27a^3}-\dfrac{bc}{3a^2}+\dfrac{d}{a}\right)$라고 하면

$y^3+3py-2q=0$ …… ①

이다.

$y=A+B$ 라고 할 때,

$y^3=(A+B)^3=A^3+B^3+3ABy$ 가 성립하므로

$y^3-3ABy-(A^3+B^3)=0$ …… ②

①, ②에서 $AB=-p$, $A^3+B^3=2q$를 얻는다.

A^3과 B^3을 구하기 위하여 이 두 값을 두 근으로 하는 이차방정식을 만들면

$t^2-2qt-p^3=0$이고, $t=q\pm\sqrt{p^3+q^2}$이므로

$A=\sqrt[3]{q+\sqrt{p^3+q^2}}$, $B=\sqrt[3]{q-\sqrt{p^3+q^2}}$ 으로 놓으면

$y=A+B=\sqrt[3]{q+\sqrt{p^3+q^2}}+\sqrt[3]{q-\sqrt{p^3+q^2}}$ 은 ①의 한 근이 된다.

한편 ②의 식을 복소수의 범위에서 인수분해하면

$(y-A-B)(y-\omega A-\omega^2 B)(y-\omega^2 A-\omega B)=0$이므로

$$\omega A+\omega^2 B,\ \omega^2 A+\omega B$$

도 ①의 근이 된다. 여기서 ω는 $\omega^2+\omega+1=0$을 만족시키는 값이다.

따라서 방정식 ①의 근은

$$y=\sqrt[3]{q+\sqrt{p^3+q^2}}+\sqrt[3]{q-\sqrt{p^3+q^2}}$$
$$y=\omega\sqrt[3]{q+\sqrt{p^3+q^2}}+\omega^2\sqrt[3]{q-\sqrt{p^3+q^2}}$$
$$y=\omega^2\sqrt[3]{q+\sqrt{p^3+q^2}}+\omega\sqrt[3]{q-\sqrt{p^3+q^2}}$$ 이다.

정말 복잡하지요? 그래서, 삼차방정식의 근의 공식을 외우는 것은 멍청한 짓입니다.

이번 단원에서는 여러분이 삼차방정식의 해를 구하는 방법을 배울 예정입니다. 수업시간에 집중해서 들으면 삼차방정식을 쉽게 풀 수 있습니다. 따라서, 위의 엄청나게 복잡한 공식은 외우지 않는 것이 정신건강에 좋습니다.

사차방정식의 근의 공식은 카르다노의 제자였던 페라리(Ferrari, L., 1522~1565)가 발견했습니다.

이후 많은 수학자들이 오차 이상의 방정식의 일반적인 해법을 찾기 위해 고심했으나 오차 이상의 방정식을 푸는 일반적인 대수적 풀이법은 존재하지 않는다는 것을 아벨(Abel, N. H., 1802~1829)이 증명하였습니다.

아벨의 증명이 없었다면 지금도 수학자들이 존재하지 않는 풀이법을 찾기 위해서 시간을 낭비하고 있었을지도 모릅니다.

13. 커다란 수의 세계, 복소수

그렇다면 복소수는 어떻게 등장하게 되었을까요?

중학교 때 이차방정식 $x^2 - 2x + 3 = 0$을 근의 공식을 이용하여 풀면 $x = 1 \pm \sqrt{-2}$ 이므로 근이 없다고 배웠습니다. $\sqrt{-2}$ 라는 수가 우리가 알고 있는 실수체계에는 존재하지 않으니까요. 그런데 $\sqrt{-2}$ 를 수라고 하면 안될까 하는 의문이 생기지 않나요?

이런 생각을 수학자들 역시 고민했답니다.

16세기 이탈리아의 수학자 카르다노(Cardano, G., 1501~1576)가 삼차방정식의 해법을 알린 시기부터 음수의 제곱근, 즉 $\sqrt{-2}$와 같은 수에 대한 많은 관심이 생겨났습니다. 17세기 데카르트(Descartes, R., 1596~1650)가 이런 수를 허수(imaginary number 가상의 수)라는 용어를 처음 사용했으나 이름에서 알 수 있듯이 처음에는 데카르트도 이를 수로 인정하지 않았습니다.

다른 수학자들은 허수를 수도 받아들이는데 망설였지만, 가우스는 $a+bi$를 허수라는 용어 대신, 복소수(complex number)라는 새로운 용어를 도입하며 사용하였습니다. 고등학교 수학에서는 배우지 않지만 가우스는 $a+bi$ 를 복소수 평면에서의 점으로 표현했을 뿐만 아니라 복소수의 기하학적 덧셈과 곱셈을 기술하여 새로운 수 체계를 완성하게 됩니다.

그럼 복소수 체계를 천천히 확인해 볼까요?

실수 중에서는 제곱하여 -1이 되는 수가 존재하지 않습니다. 그래서 수학자들이 새로운 수를 생각하고 이것을 기호 i로 나타내기로 합니다. 즉, $i^2 = -1$이고 이때 i를 허수단위라고 합니다.

허수단위 i는 imaginary number(가상의 수)의 첫 글자입니다.

두 실수 a, b에 대하여 $a+bi$와 같이 나타내는 수를 복소수라 하고 a를 실수부분, b를 허수부분이라고 합니다. $b=0$일 때 실수가 되므로 $a+bi$는 실수를 포함하는 엄청나게 큰 수체계가 되는데 이것이 복소수입니다.

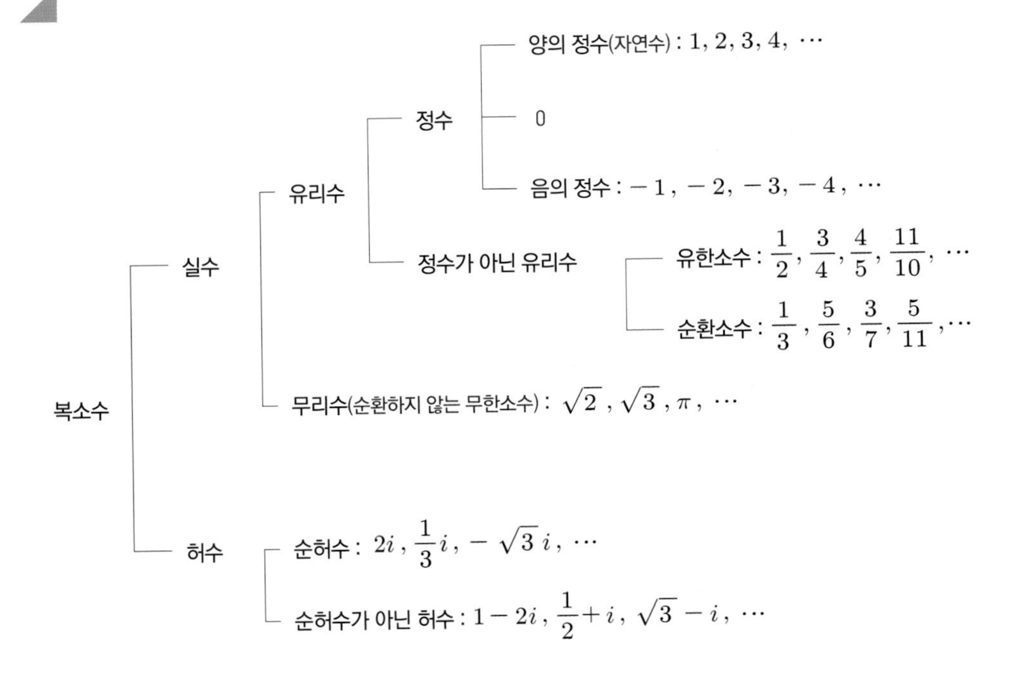

(1) 복소수의 사칙연산

복소수 역시 수체계이고 허수단위를 문자처럼 생각하여 다음과 같이 연산이 정리되어 있습니다.

복소수의 덧셈, 뺄셈, 곱셈, 나눗셈

실수 a, b, c, d 에 대하여

① $(a+bi)+(c+di)=(a+c)+(b+d)i$

② $(a+bi)-(c+di)=(a-c)+(b-d)i$

③ $(a+bi)(c+di)=(ac-bd)+(ad+bc)i$

④ $\dfrac{a+bi}{c+di}=\dfrac{ac+bd}{c^2+d^2}+\dfrac{bc-ad}{c^2+d^2}i$ (단, $c+di \neq 0$)

복소수는 위와 같이 사칙연산은 가능하지만 크기 순서를 정할 수 없기 때문에 무엇을 비교한다든지 측량하기에는 실제로 적합하지 않은 수입니다. 하지만, 실수와 동일한 산술 법칙을 따르고 다양한 물리학 법칙을 자연스럽게 만드는 힘을 가지고 있습니다. 특히 전기, 전자 분야의 계산에서 복소수는 전자기학의 많은 계산들을 단순화시키는데 매우 유용하게 사용되고 있습니다. 또한 물리의 양자역학에서 입자의 파동함수 등에서 복소수를 사용하기도 합니다. 복소수가 실생활에 직접적으로 응용되는 경우는 찾기가 힘들지만 이렇게 여러 분야에서 널리 사용되고 있으며 우리는 느끼지 못할 뿐입니다.

<연습문제>

1. 다음을 계산하시오.

(1) $(1+5i)+(4-3i)$

(2) $(3+2i)-(2-i)$

(3) $(1+3i)(1-i)$

(4) $\frac{2+i}{1-i}$

<해답>

1. 학습목표 허수단위 i 를 문자처럼 생각하여 복소수의 덧셈, 뺄셈, 곱셈, 나눗셈을 할 수 있다.

풀이

(1) $(1+5i)+(4-3i)=(1+4)+(5-3)i$
$=5+2i$

(2) $(3+2i)-(2-i)=(3-2)+(2+1)i$
$=1+3i$

(3) $(1+3i)(1-i)=1-i+3i-3i^2$
$=1-i+3i+3$
$=(1+3)+(-1+3)i$
$=4+2i$

(4) $\dfrac{2+i}{1-i}=\dfrac{(2+i)(1+i)}{(1-i)(1+i)}=\dfrac{2+2i+i+i^2}{1^2-(i)^2}=\dfrac{2+2i+i-1}{1+1}$
$=\dfrac{(2-1)+(2+1i)}{2}=\dfrac{1+3i}{2}$

14. 이차방정식과 이차함수는 어떤 관계가 있을까요?

복소수는 앞에서 이야기 했듯이 이차방정식의 근을 구하는 과정에서 새로운 수를 정의하면서 만들어지게 되었습니다. 따라서, 고등학교에서는 중학교와는 다른 수체계로 이야기하기 때문에 고등학교에서 수에 대한 언급이 없으면 복소수 범위 내에서 생각해야 합니다.

Quiz

· 이차방정식 $x^2-2x+3=0$의 근을 구하시오.

① 중학교 풀이

$D=(-2)^2-4\times3<0$ 이므로 근이 없다.

② 고등학교 풀이

근의 공식을 사용하여 풀면

$x=1\pm\sqrt{-2}=1\pm\sqrt{2}\,i$

• 판별식(discriminant)
이차방정식 $ax^2+bx+c=0$의 $D=b^2-4ac$의 값에 따라 근은 판별할 수 있으므로 이를 판별식이라고 합니다.
i) $D>0$ 서로 다른 두 실근
ii) $D=0$ 중근
iii) $D<0$ 서로 다른 두 허근

이렇게 확대된 수 체계에서 여러분은 이차방정식을 풀어야 합니다. 이차방정식의 근을 구할 수 없다면 중학교 3학년의 이차방정식 단원을 다시 한 번 공부하면 됩니다.

중학교 3학년 때 공부한 내용을 다시 한 번 볼까요?

이차방정식의 근을 구하고자 하면 근의 공식을 사용하면 됩니다. 근의 공식이 이차방정식의 근을 완벽하게 풀 수 있게 하는 만능열쇠인 것입니다.

근의 공식

이차방정식 $ax^2+bx+c=0\ (a\neq0)$의 두 근을 구하면

$$x=\frac{-b\pm\sqrt{b^2-4ac}}{2a}$$

중학교 때 우리는 이미 이차함수의 정의를 배웠습니다. 또한 이차함수의 꼭짓점을 구하고 이것을 이용하여 그래프를 그렸습니다. 만약 이 이차함수가 x축과 만나는 점이 몇 개인지를 질문 받으면 우리는 그래프를 그

려서 확인을 해야 합니다. 하지만, 이차방정식과 이차함수의 관계를 알면 이것은 매우 쉽게 풀릴 수 있습니다.

이차방정식의 해를 구하는 방법인 근의 공식과 판별식을 이차함수의 그래프를 해석하는데 이용하려고 합니다.

이차방정식과 이차함수는 어떤 관계를 가지고 있을까요?

이차방정식	이차함수	이차함수의 그래프
$x^2-2x-3=0$	$y=x^2-2x-3$	이차함수 $y=x^2-2x-3$ 를 좌표평면에 그려보면
이차방정식을 인수분해하면 $(x+1)(x-3)=0$ 따라서, 근은 $x=-1$ 또는 3	$y=x^2-2x-3$ $=(x-1)^2-4$ 꼭짓점은 $(1, -4)$ 이 이차함수는 $x=-1$일 때, $y=0$ $x=3$일 때, $y=0$	이차함수의 그래프는 $(-1, 0)$, $(3, 0)$을 지난다.
$\mathrm{D}=(-2)^2-4\times(-3)>0$ 서로 다른 두 실근		이차함수의 그래프가 x축과 두 개의 점에서 만난다.

위의 표를 확인해 보면 이차함수 $y=ax^2+bx+c$의 그래프와 x축의 교점의 개수는 이차방정식 $ax^2+bx+c=0$의 실근의 개수와 같으므로 이차방정식의 판별식을 이용하여 이차함수의 그래프와 x축의 위치 관계를 알 수 있습니다.

대수인 이차방정식의 근이 이차함수로 어떻게 기하학적으로 해석되는지 아는 것이 매우 중요합니다. 또한, 이차함수의 그래프가 x축과 만나지 않는 경우는 이차방정식이 허근을 가지게 됩니다. 왜냐하면 x축은 (실)수 직선이기 때문에 x축에 허수가 표시되지 않기 때문입니다.

이런 내용을 바탕으로 이차함수의 그래프와 직선의 위치관계 또한 같은 방법으로 설명할 수 있습니다.

일반적으로 이차함수 $y = ax^2+bx+c \ (a \neq 0)$의 그래프와 직선 $y = mx + n$의 교점의 x좌표는 $y = mx + n$을 $y = ax^2+bx+c$에 대입하여 얻은 이차방정식

$$ax^2 + (b-m)x + (c-n) = 0 \quad \cdots\cdots ①$$

의 실근과 같습니다.

따라서 이차함수 $y = ax^2 + bx + c$의 그래프와 직선 $y = mx + n$의 교점의 개수는 ①의 실근의 개수와 같습니다.

그러므로 이차함수 $y = ax^2 + bx + c$의 그래프와 직선 $y = mx + n$의 위치 관계는 ①의 판별식 $D = (b-m)^2 - 4a(c-n)$의 값의 부호에 따라 다음과 같음을 알 수 있습니다.

판별 식의 부호	$D>0$	$D=0$	$D<0$
이차함수 $y = ax^2 + bx + c$ 의 그래프와 직선 $y = mx + n$의 위치 관계 $(a>0, m>0)$	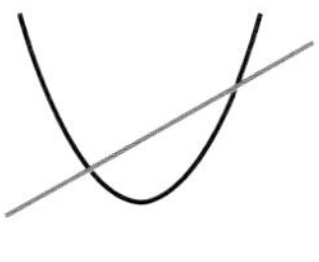	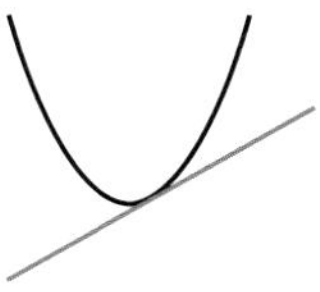	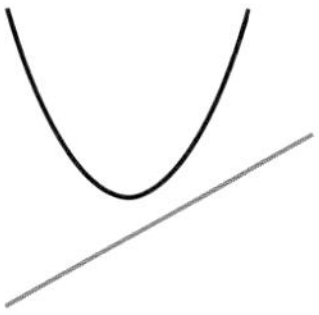
	서로 다른 두 점에서 만난다.	한 점에서 만난다. (접한다.)	만나지 않는다.

<연습문제>

1. 이차함수 $y = x^2 + 3x - 2$의 그래프와 직선 $y = 2x + 1$의 교점의 개수를 구하시오.

<해답>

1. 학습목표 판별식을 이용하여 이차함수의 그래프와 직선의 위치 관계를 이해한다.

풀이 $y = 2x + 1$을 $y = x^2 + 3x - 2$에 대입하여 정리하면

$x^2 + 3x - 2 = 2x + 1,\ x^2 + x - 3 = 0$

이차방정식 $x^2 + x - 3 = 0$의 판별식을 D라고 하면

$\mathrm{D} = (-1)^2 - 4 \times 1 \times (-3) = 13 > 0$

이므로 이차함수 $y = x^2 + 3x - 2$의 그래프와 직선 $y = 2x + 1$는 서로 다른 두 점에서 만난다.

15. 재미있는 방정식의 세계

방정식은 인류가 수학적 고민을 시작하면서부터 만들어지기 시작했습니다. 기원전 2000년 전에도 바빌로니아 사람들은 이차방정식을 풀었으니 정말 대단하죠? 여러분은 이제 여러분에게 주어진 방정식을 해결해

내야 합니다. 앞의 단원에서 배운 인수분해 공식과 조립제법 등을 사용하여 해결하면 됩니다. 만약 다항식을 인수분해 할 수 없다면 앞의 단원을 다시 한 번 복습하시기 바랍니다.

방정식의 풀이 방법

1. 이차방정식

① 인수분해 ② 근의 공식

2. 삼차, 사차방정식

① 인수분해 공식 ② 인수정리와 조립제법을 이용한 인수분해

3. 연립이차방정식

① 일차방정식과 이차방정식으로 이루어진 연립이차방정식:
일차방정식을 이차방정식에 대입하여 미지수가 1개인 이차방정식을 만들어 푼다.

② 두 개의 이차방정식으로 이루어진 연립이차방정식:
어느 한 이차방정식을 인수분해 하여 일차방정식과 이차방정식으로 이루어진 연립 이차방정식으로 바꾸어 푼다.

또한 방정식의 풀이는 수학 I 과 수학 II 에도 많이 다뤄지므로 방정식 풀이 연습을 많이 하기 바랍니다.

<연습문제>

1. 다음 연립이차방정식을 푸시오.

$$\begin{cases} x^2 - xy - 2y^2 = 0 \\ x^2 - xy + y^2 = 12 \end{cases}$$

···· <해답> ····

1. 학습목표 인수분해를 이용하여 연립이차방정식을 풀 수 있게 한다.

풀이 $\begin{cases} x^2 - xy - 2y^2 = 0 & \cdots\cdots ① \\ x^2 - xy + y^2 = 12 & \cdots\cdots ② \end{cases}$

①의 좌변을 인수분해하면 $(x-2y)(x+y)=0$

따라서 $x=2y$ 또는 $y=-x$

(i) $x=2y$ 를 ②에 대입하면 $y^2=4$

$y=2$ 또는 $y=-2$

따라서 $y=2$ 일 때 $x=4$, $y=-2$ 일 때 $x=-4$

(ii) $y=-x$ 를 ②에 대입하면 $x^2=4$

$x=2$ 또는 $x=-2$

따라서 $x=2$ 일 때 $y=-2$, $x=-2$ 일 때 $y=2$

(i), (ii)에 의하여 구하는 해의 순서쌍은

$\begin{cases} x=\pm 4 \\ y=\pm 2 \end{cases}$ 또는 $\begin{cases} x=\pm 2 \\ y=\mp 2 \end{cases}$ (복호동순)

16. 부등식은 어떻게 해결하나요?

과거에는 수의 대소를 비교할 때 기호를 사용하지 않고 문장으로만 표현했습니다. 〉, 〈의 기호가 만들어지지 않아서이지요. 오늘날과 같은 부등호의 기호는 영국의 수학자 해리엇(Harriot, T., 1560~1621)이 처음으로 사용하였습니다. 또한 1734년에 출판된 부게르(Bouguer, P., 1698~1758)의 책에서 등호와 부등호가 합쳐진 기호인 ≥, ≤를 볼 수 있게 됩니다. 그러나 이런 부등호의 기호가 본격적으로 사용된 것은 1700년대 중반 이후입니다. 방정식이 기원전에 생긴 것을 생각하면 부등식은 아주 늦게 발전하게 되었습니다. 해리엇과 부게르가 없었다면 아직도 우리는 부등식 문제를 문자로 풀고 있을 거예요.

부등식은 어떻게 해결해야 할까요? 부등식이 방정식 단원 이후에 나온 것은 부등식을 해결하는 데 방정식의 풀이가 반드시 필요하기 때문입니다. 앞의 단원에서 말했듯이 방정식은 여러 단원에 많은 영향을 미칩니다. 만약 방정식 단원이 미흡하다면 다시 한 번 복습을 꼭 하기 바랍니다.

일반적으로 이차방정식 $ax^2+bx+c=0\,(a>0)$의 판별식을 $D=b^2-4ac$, 두 실근을 α,β라고 할 때, 이차함수의 그래프와 이차부등식의 해 사이에는 다음과 같은 관계가 있습니다.

판별식의 부호	$D>0$	$D=0$	$D<0$
$y=ax^2+bx+c$ $(a>0)$ 의 그래프	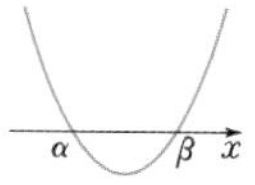 α β x	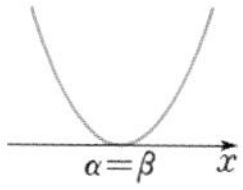 $\alpha=\beta$ x	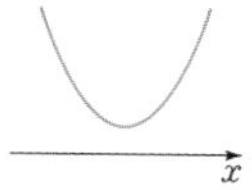 x
$ax^2+bx+c>0$ 의 해	$x<\alpha$ 또는 $x>\beta$	$x\neq\alpha$ 인 모든 실수	모든 실수
$ax^2+bx+c\geq 0$ 의 해	$x\leq\alpha$ 또는 $x\geq\beta$	모든 실수	모든 실수
$ax^2+bx+c<0$ 의 해	$\alpha<x<\beta$	해가 없다.	해가 없다.
$ax^2+bx+c\leq 0$ 의 해	$\alpha\leq x\leq\beta$	$x=\alpha$	해가 없다.

이와 같이 방정식의 해를 이용하여 부등식을 풀기 때문에 방정식과 부등식은 매우 밀접한 관계를 가집니다.

연립부등식 역시 각각의 부등식의 해를 구한 다음 동시에 만족하는 범위를 구하면 됩니다.

<연습문제>

1. 다음 연립이차부등식을 푸시오.

$$\begin{cases} x^2+x<2 \\ 2x^2-x-3>0 \end{cases}$$

<해답>

1. 학습목표 **두 이차부등식으로 이루어진 연립이차부등식의 해를 구할 수 있다.**

풀이

$$\begin{cases} x^2+x<2 & \cdots\cdots ① \\ 2x^2-x-3>0 & \cdots\cdots ② \end{cases}$$

①을 풀면

$x^2+x-2<0$, $(x+2)(x-1)<0$

$-2<x<1$ ······ ③

②를 풀면

$2x^2-x-3>0$, $(2x-3)(x+1)>0$

$x<-1$ 또는 $x>\frac{3}{2}$ ······④

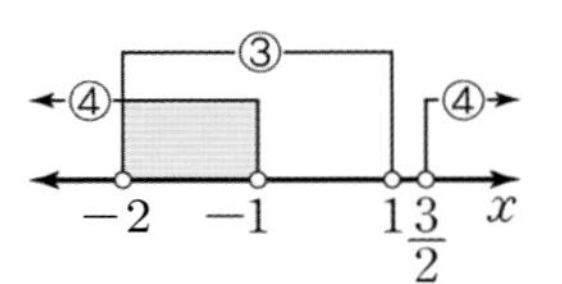

따라서 ③, ④를 동시에 만족하는 x의 값의 범위는

$-2<x<-1$

17. 방정식과 부등식을 배우면 다음엔 무엇을 배우나요?

방정식과 부등식은 인류가 수학이라는 학문을 고민하면서부터 만들어진 부분입니다. 수학적 문제해결의 도구로 가장 많이 사용되고 이 내용을 통해서 더 많은 문제를 해결할 수 있습니다. 그렇다면 방정식과 부등식을 배운 후 이후에 우리가 무엇을 배워야 하는지 알아보겠습니다.

선수학습 교육과정	
세부사항	[중1] 2. 일차방정식 [중2] 4. 일차방정식과 연립일차방정식 [중3] 5. 이차방정식
학습요소	등식, 방정식, 미지수, 해, 근, 항등식, 이항, 일차방정식, 전개, 부등식, 일차부등식, 연립방정식, 완전제곱식, 이차방정식, 근의 공식

고1 교육과정	
세부사항	Ⅱ. 방정식과 부등식 4. 복소수와 이차방정식 5. 이차방정식과 이차함수 6. 여러 가지 방정식과 부등식
학습요소	허수단위, 복소수, 실수부분, 허수부분, 허수, 켤레복소수, 실근, 허근, 판별식, 최댓값, 최솟값, 연립부등식, i, $a+bi$, $a-bi$

후속학습 교육과정	
세부사항	[수Ⅰ] 2. 지수함수와 로그함수 [수Ⅱ] 3. 도함수의 활용
학습요소	지수함수, 로그함수

방정식과 부등식 분야에서는 중학교 3학년 때 이차방정식을 배우고 고등학교에서 복소수 범위내의 이차, 삼차, 사차방정식을 풀 수 있도록 배웁니다. 또한, 고등학교 1학년 때 이차방정식과 이차함수의 관계를 이해하여 이후에 함수의 종류가 달라져도 함수와 방정식의 관계를 이용하여 문제를 해결할 수 있습니다. 바뀐 함수를 이용하는 문제가 고2 이후에 배우게 되는데 지수방정식과 로그방정식을 이용한 지수함수, 로그함수 활용문제를 풀거나 미분을 이용하여 복잡한 식의 방정식과 부등식에 대한 문제를 해결할 수 있는 방법을 배우게 됩니다.

따라서, 방정식과 부등식은 여러분이 열심히 공부해야 하는 단원입니다.

IV

대수와 기하의 만남,
도형의 방정식

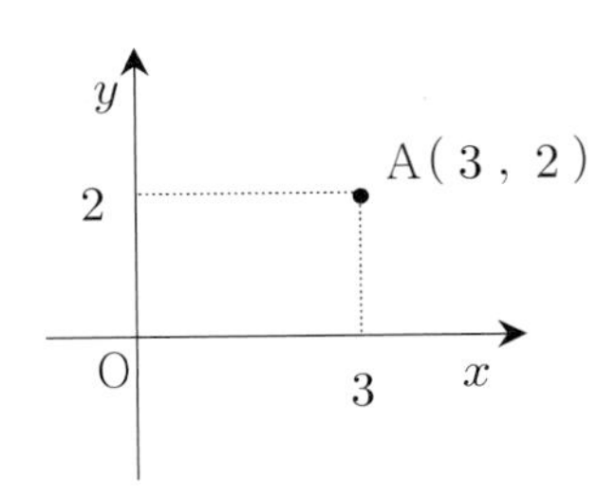

여러분은 누구나 좌표평면에 대해서 잘 알고 있습니다. 적어도 점 A(3, 2)를 왼쪽 그림과 같이 좌표평면에 나타낸 것이라고 알고 있지요. 이 좌표평면을 공부하면서 '왜 점을 이렇게 나타내지? 힘들게...' 하고 의문이 들기도 했을 거예요. 수학은 실생활에 쓰일 때가 없다고 생각하면서요. x축과 y축을 가진 좌표평면이 실생활에서 쓰이는 것을 보기는 힘들거든요. 하지만 여러분이 지도를 본 적이 있다면 이해가 되실거예요. 맞습니다. 원래 좌표는 지도에 위치를 나타내는 방법으로 많이 쓰였습니다. 이런 좌표의 세계가 수학과 만나면서 엄청난 수학적 발전을 이루게 됩니다.

데카르트 이전에 수학은 기하학과 대수학으로 나눠져 있었습니다. 아시다시피 기하학은 유클리드 기하학으로 우리가 초등학교와 중학교에서 배우는 도형에 관한 내용이 바로 유클리드 기하학입니다. 도형의 성질을 배우고 그 성질이 왜 그런지 생각하고 밝히는 학문이지요.

대수학은 수 대신 문자를 사용하여 방정식의 문제를 푸는 것과 같이 계산을 하는 수학입니다.

이렇게 수학의 성격이 다른 분야인 기하학과 대수학을 하나로 합쳐질 수 있는 바탕이 바로 좌표평면입니다. 이렇게 좌표평면을 이용하여 도형을 대수적인 식으로 나타내는 것인 바로 해석기하학입니다. 즉, 해석기하학은 도형에 관한 학문인 기하학과 수의 성질 및 기호에 관한 학문인 대수학을 묶은 수학의 한 분야입니다.

해석기하학은 중학교에서 배운 좌표, 직선의 방정식과 함수를 바탕으로 도형을 좌표 위에 표현하고 그것을 식으로 표현하는 것을 말합니다. 고등학교에서는 원과 같은 이차곡선과 다양한 함수를 좌표 평면 위에 표현하는 것을 말한다고 할 수 있습니다.

좌표평면을 이용하여 곡선을 그 위의 점들의 좌표 사이의 관계식으로 나타냄으로써 사칙연산이 가능하게 하였고 곡선의 접선을 찾는데도 이용할 수 있게 된 것입니다. 곡선의 접선을 구하는 것이 해석학의 한 분야이므로 해석기하학이라는 이름으로 불리게 됩니다.

기하학 (geometry)	대수학 (algebra)	해석기하학 (analytic geometry)
〈문제〉 반지름의 길이가 2인 원의 넓이는?	〈문제〉 방정식 $x^2+y^2=4$에서 $x=1$일 때 y의 값은?	〈문제〉 원 $x^2+y^2=4$에서 반지름의 길이는?
〈풀이〉 넓이는 4π	〈풀이〉 방정식 $x^2+y^2=4$에 $x=1$을 대입하면 $1+y^2=4$, $y^2=3$ $\therefore y=\pm\sqrt{3}$	〈풀이〉 반지름의 길이는 2

좌표를 이용하여 도형을 연구하는 해석기하학은 17세기에 데카르트와 페르마에 의해서 탄생하게 되었습니다. 데카르트는 대수적 기하학의 이

론과 곡선의 분류, 곡선의 접선을 작도하는 방법, 이차 이상의 방정식의 해법에 관한 연구를 통해서 해석기하학의 기원을 열었습니다.

페르마는 좌표를 구상하고 직선과 곡선을 방정식을 만족시키는 점들의 모임으로 보는 것은 데카르트와 같았지만 평면에서 운동하는 물체의 궤적을 연구하며 해석기하학을 발전시켰습니다.

따라서 해석기하학이라는 분야에서 여러분에게 알려주고 싶은 내용은 단순한 좌표의 사용이나 좌표평면에서 그려지는 그래프가 아니라 기하학적인 문제를 대수적이나 해석적인 문제로 바꾸어 보는데 그 본질이 있습니다.

18. 데카르트의 엄청난 발견, 좌표평면

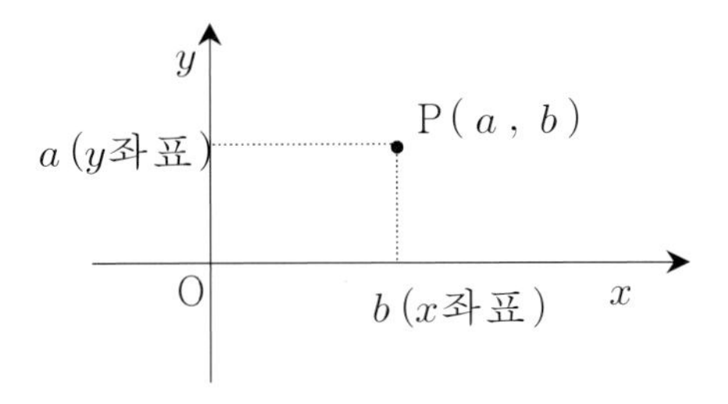

지금부터 여러분에게 너무 익숙한 좌표평면에 대해서 이야기해볼까 합니다.

좌표평면이란 수직으로 만난 x축, y축 두 개의 축으로 이루어진 평면으로 좌표평면 위의 각 점은 두 수의 순서쌍(좌표)으로 나타낼 수 있는 평면을 말합니다. 우리가 중학교 때 배운 내용이지요.

좌표평면의 가장 큰 특징은 지금까지 추상적으로 생각했던 다양한 도형 즉, 직선, 곡선, 원, 삼각형, 사각형 등 기하학적인 내용을 좌표평면에

도입하여 정확한 위치와, 길이, 모양을 측정할 수 있고 그 식을 도출해 낼 수 있게 해 준다는 점입니다.

그렇다면 이 좌표평면은 누가 만들었을까요?

16세기 말 프랑스에서 태어난 데카르트라는 사람이 있었습니다.

여러분도 들어본 적이 있는 '나는 생각한다, 고로 나는 존재한다'와 같은 말을 남긴 유명한 철학자입니다.

철학자이며 수학자이기도 했던 그는 몸이 매우 약해 침대에 누워있는 시간이 많았답니다. 덕분에 삶에 대한 사색과 명상을 할 시간이 많아졌고 그 시간 동안 깊이 있는 고민을 한 데카르트는 철학과 수학에 많은 업적을 남기게 되었습니다.

어느 날, 어김없이 몸이 아파 침대에 누워있던 데카르트는 천장에 날아든 파리를 보게 되었습니다. 이리저리 위치를 옮겨다니는 파리를 보면서 '날아다니는 파리의 위치를 쉽고 정확하게 표현할 수 있을까'를 고민하던 중 천장에 바둑판 무늬의 그림을 그리고 숫자를 적은 다음 파리가 날아든 곳의 숫자를 말하면 파리의 위치를 정확히 표현할 수 있겠구나 라는 생각을 하게 됩니다.

이 파리의 위치를 어떻게 표현할 수 있는지 고민하던 중 떠올린 것이 좌표평면의 개념이였고 처음 좌표라는 아이디어를 가진 후 수많은 연구 끝에 데카르트는 현재의 좌표평면을 만들게 됩니다.

또한 좌표에 '0' 이하의 수를 표현하기 위해 -1,-2,-3,-4와 같은 음수를 좌표축에 최초로 도입하면서 점과 수식을 같은 차원에서 살펴보는 것이 가능해졌고 기하와 대수가 통합되는 계기가 마련되었습니다. 이를 통해 함수의 개념이 좌표평면에 표현되기 시작하였습니다. 또한 미분과 적분을 함수를 이용하여 표현할 수 있는 구체적인 방법과 직선 및 타원, 원, 쌍곡선 같은 도형도 식으로 만들어서 평면에 나타낼 수 있는 기반이 만들어졌습니다.

즉, 좌표평면의 개념을 발견하게 되면서 사람들은 대수학과 기하학이 완전히 동떨어진 것이 아니라 통합적으로 보게 되었고 대수적으로 해결하지 못 할 거라고 생각한 문제들도 데카르트의 좌표평면을 이용하여 아주 쉽게 해결할 수 있게 되었습니다.

정말 파리 한 마리 때문에 수학의 역사에 한 획을 그은 좌표평면에 만들어지게 되었는지는 사실 명확하지 않습니다. 하지만 침대에 누워있을 수밖에 없던 시간을 사색과 명상의 시간으로 바꿔 고민하는 기회를 만든 데카르트는 철학자뿐만 아니라 수학자로도 역사에 큰 업적을 남길 수 있었습니다.

(1) 좌표평면에서 두 점 사이의 거리

좌표평면의 발견으로 도형의 방정식을 좌표평면에 나타내어 여러 가지 도형의 성질을 정확히 계산할 수 있게 됩니다. 또한 좌표평면을 이용하여 곡선을 그 위의 점들의 좌표 사이의 관계식으로 나타냄으로써 사칙연산이 가능하게 하게 됩니다. 그 중 하나의 성질이 바로 좌표평면위의 두 점 사이의 거리는 어떻게 구할까 하는 문제입니다.

중학교 때 배운 수직선 위에서의 거리는 아래와 같습니다.

수직선 사이의 두 점 $\mathrm{A}(x_1)$, $\mathrm{B}(x_2)$사이의 거리

$$\overline{\mathrm{AB}} = |x_1 - x_2|$$

고등학교 때는 이를 확장시켜 좌표평면 위의 두 점 $A(x_1, y_1)$, $B(x_2, y_2)$ 사이의 거리를 구해보고자 합니다.

오른쪽 그림과 같이 두 점 A, B에서 각각 x축, y축에 평행하게 그은 직선의 교점을 C라고 하면 점 C의 좌표는 (x_2, y_1)이고, 삼각형 ABC는 직각삼각형이 됩니다. 이때

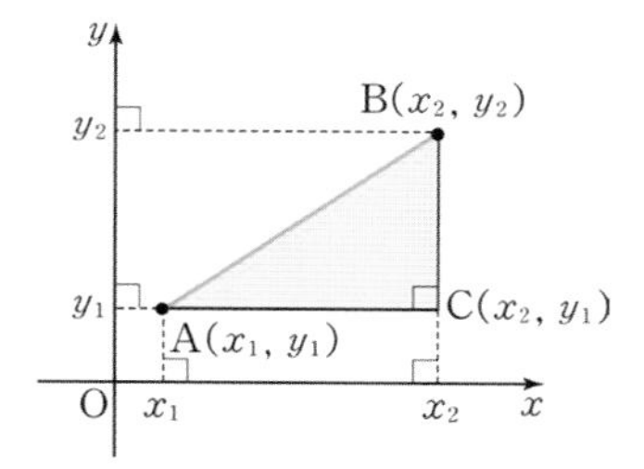

$$\overline{AC} = |x_2 - x_1|,\ \overline{BC} = |y_2 - y_1|$$

이므로 피타고라스 정리에 의하여

$$\overline{AB}^2 = \overline{AC}^2 + \overline{BC}^2 = |x_2 - x_1|^2 + |y_2 - y_1|^2 = (x_2 - x_1)^2 + (y_2 - y_1)^2$$

입니다.

따라서

$$\overline{AB} = \sqrt{(x_2 - x_1)^2 + (y_2 - y_1)^2}$$

좌표평면 위의 두 점 $A(x_1, y_1)$, $B(x_2, y_2)$ 사이의 거리

$$\overline{AB} = \sqrt{(x_2 - x_1)^2 + (y_2 - y_1)^2}$$

(2) 선분의 내분점과 외분점

도형이 가지는 성질 중 하나가 바로 내분점과 외분점입니다. 중학교 때 삼각형의 무게중심이 각 중선을 2:1로 내분하는 점인 것은 이미 배워서 알고 있습니다. 그렇다면 선분의 내분점과 외분점을 이해하고 이것을 좌표로 어떻게 나타내는 지 배우는 것이 이 단원의 학습목표입니다. 즉, 직

관적인 도형으로 내분점과 외분점을 이해하고 이를 좌표로 표현하는 방법을 배우게 됩니다. 내분점과 외분점도 두 점 사이의 거리와 마찬가지로 수직선위에서의 내분점과 외분점, 그리고 좌표평면 사이의 내분점과 외분점을 구하게 됩니다.

앞에서 배운 내용을 바탕으로 좌표평면 위의 두 점 $A(x_1, y_1)$, $B(x_2, y_2)$에 대하여 선분 AB를 $m : n\ (m > 0, n > 0)$으로 내분하는 점 $P(x, y)$의 좌표를 구해 봅시다.

세 점 A, B, P에서 x축에 내린 수선의 발을 각각 A′, B′, P′ 이라고 하면

$$\overline{A'P'} : \overline{P'B'} = \overline{AP} : \overline{PB} = m : n$$

이 성립하므로 P′ 은 선분 A′B′ 을 $m : n$으로 내분하는 점이 됩니다.

$x = \dfrac{mx_2 + nx_1}{m + n}$가 되고

또, 세 점 A, B, P에서 y축에 수선을 내려서 같은 방법으로 생각하면

$y = \dfrac{my_2 + ny_1}{m + n}$ 입니다.

따라서 구하는 내분점 P의 좌표는 $\left(\dfrac{mx_2+nx_1}{m+n}, \dfrac{my_2+ny_1}{m+n}\right)$이 됩니다.

수직선 사이의 두 점 $A(x_1)$, $B(x_2)$를 이은 선분 AB를 $m : n\ (m>0, n>0)$으로

내분하는 점 P의 좌표는 $\left(\dfrac{mx_2+nx_1}{m+n}\right)$

외분하는 점 Q의 좌표는 $\left(\dfrac{mx_2-nx_1}{m-n}\right)$ (단, $m \neq n$)

이 내용을 바탕으로 좌표평면에서의 내분점과 외분점을 구하면 다음과 같습니다.

좌표평면 위의 두 점 $A(x_1, y_1)$, $B(x_2, y_2)$를 이은 선분 AB를 $m:n$ $(m>0, n>0)$으로

내분하는 점 P의 좌표는 $\left(\frac{mx_2+nx_1}{m+n}, \frac{my_2+ny_1}{m+n}\right)$

외분하는 점 Q의 좌표는 $\left(\frac{mx_2-nx_1}{m-n}, \frac{my_2-ny_1}{m-n}\right)$ (단, $m \neq n$)

수 체계도 자연수, 정수, 유리수와 무리수, 실수, 복소수 이렇게 확장되듯이 좌표의 세계도 선분(수직선), 평면(좌표평면), 공간(공간좌표) 이렇게 점차 확장되어 갑니다. 수 체계에서도 수의 성질이 그대로 유지되듯이 좌표의 세계도 그 성질들을 유지합니다. 따라서, 수직선과 좌표평면을 다른 세계로 하나하나 공식으로 외우지 말고 확장의 개념으로 이해를 하고 보면 쉽게 알 수 있을 것입니다.

<연습문제>

1. 좌표평면 위의 두 점 $A(-2, 3)$, $B(1, 0)$을 이은 선분 AB를 $2:1$로 내분하는 점 P와 $2:3$로 외분하는 점 Q에 대하여 선분 PQ의 길이를 구하시오.

<해답>

1. 학습목표 좌표평면 위의 두 점을 이은 선분의 내분점과 외분점의 좌표를 구하고 선분의 길이를 구할 수 있다.

풀이

$P\left(\frac{2\times1+1\times(-2)}{2+1}, \frac{2\times0+1\times3}{2+1}\right)$ 즉, $P(0, 1)$

$Q\left(\frac{2\times1-3\times(-2)}{2-3}, \frac{2\times0-3\times3}{2-3}\right)$ 즉, $Q(-8, 9)$

따라서

$\overline{PQ} = \sqrt{(-8-0)^2+(9-1)^2} = 8\sqrt{2}$

19. 직선의 방정식

여러분은 중학교 때 이미 함수의 그래프를 배웠습니다. 정비례, 반비례 그래프와 일차함수, 이차함수의 그래프를 이미 그려보았습니다. 이 단원에서는 도형을 방정식으로 표현하고 이를 좌표축에 그리는 것을 목표로 하고 있습니다. 중학교에서 일차함수의 그래프로 다루었던 직선을 좌표평면위의 도형으로 보고 그것을 직선의 방정식으로 표현하여 다시 한 번 복습하게 됩니다.

따라서 중학교에서 배운 일차함수의 그래프에 대하여 복습하고 중학교 때 배운 기울기, x절편, y절편 등의 이야기가 계속 나오므로 그 내용을 정리하면서 공부해야 합니다. 중학교 때 이 단원을 소홀히 하고 지나갔다면 지금 다시 시작하면 됩니다.

고등학교에서 배우는 직선의 방정식은 다음과 같습니다.

〈직선의 방정식〉

1. 좌표평면 위의 점 $\mathrm{A}(x_1, y_1)$을 지나고 기울기가 m인 직선의 방정식은

$$y - y_1 = m(x - x_1)$$

2. 좌표평면 위의 서로 다른 두 점 $\mathrm{A}(x_1, y_1)$, $\mathrm{B}(x_2, y_2)$를 지나는 직선의 방정식은

① $x_1 \neq x_2$ 일 때, $y - y_1 = \dfrac{y_2 - y_1}{x_2 - x_1}(x - x_1)$

② $x_1 = x_2$ 일 때, $x = x_1$

또한 직선이 가지는 성질에 대해서 알아보는데 직선의 기울기를 이용하여 두 직선의 서로 평행한지 수직인지 알아보는 것입니다. 알다시피 두 직선이 평행하려면 기울기가 같고 y절편이 다르면 됩니다. 두 직선의 기울기의 곱이 -1이면 두 직선이 서로 수직이 됩니다. 수직이 되는 것은 교과서에 잘 설명되어 있으므로 여러분이 꼭 증명해보기 바랍니다.

〈두 직선의 평행조건〉

좌표평면 위의 두 직선 $y = mx + n$, $y = m'x + n'$에 대하여

① 두 직선이 서로 평행하면 $m = m'$, $n \neq n'$이다.

② $m = m'$, $n \neq n'$이면 두 직선은 서로 평행하다.

〈두 직선의 수직조건〉

좌표평면 위의 두 직선 $y = mx + n$, $y = m'x + n'$에 대하여

① 두 직선이 서로 수직이면 $mm' = -1$이다.

② $mm' = -1$이면 두 직선은 서로 수직이다.

지금까지 우리는 점과 점사이의 관계인 거리와 내분점, 외분점에 대해서 알아보았습니다. 직선과 직선의 관계로 평행과 수직에 대해서도 이야기 했구요.

그렇다면 점과 직선사이에는 어떤 관계가 있을까요? 점이 직선 위에 있으면 그 점이 직선의 식을 만족한다 정도의 관계만 알 수 있습니다. 만약 직선 위에 있지 않은 점이 있을 때 이 점과 직선은 어떤 관계를 이야기 할 수 있을까요? 그런 고민에서 나온 것이 점과 직선 사이의 거리입니다. 여기에서는 점과 직선사이의 거리를 구하는 공식을 이해하고 이를 이용해서 한 점과 직선 사이의 거리를 구할 수 있으면 됩니다.

좌표평면 위의 점 $\mathrm{P}(x_1,\ y_1)$과 직선 $ax+by+c=0$ 사이의 거리 d는

$$d=\frac{|ax_1+by_1+c|}{\sqrt{a^2+b^2}}$$

앞에서 수학 공부하는 방법에서 이 공식이 유도하는 것은 이미 다루었습니다. 이 공식은 여러 가지 문제에서 다양하게 이용되므로 잘 암기해 놓아야 합니다.

<연습문제>

1. 두 점 $\mathrm{A}(4,1)$, $\mathrm{B}(1,-2)$를 지나는 직선위의 점 $(-a, a+1)$이 존재할 때, a의 값을 구하시오.

2. 직선 $3x-4y-4=0$ 와 점 $\mathrm{A}(a, -a)$사이의 거리가 2일 때, a의 값을 구하시오.

<해답>

1. 학습목표 **두 점을 지나는 직선의 방정식을 구할 수 있다.**

풀이 두 점 $\mathrm{A}(4,1)$, $\mathrm{B}(1,-2)$를 지나는 직선의 방정식은

$y-1=\frac{-2-1}{1-4}(x-4)$

$y-1=x-4$ 따라서 $y=x-3$ 이다.

이 직선 위에 점 $(-a, a+1)$이 존재하므로

$a+1=-a-3$, $2a=-4$

따라서 $a=-2$이다.

2. 학습목표 **점과 직선 사이의 거리를 구할 수 있다.**

풀이 $\frac{|3a+4a-4|}{\sqrt{3^2+(-4)^2}}=2$ 에서

$|7a-4|=10$ 이므로

$a=2$ 또는 $a=-\frac{6}{7}$

20. 아름다운 도형, 원의 방정식

원은 우리 주변에서 쉽게 찾아볼 수 있는 도형입니다. 놀이공원이나 유원지에 있는 원 모양의 놀이 기구인 대관람차도 있고 자동차 바퀴도 원 모양이며 접시들도 대부분 원의 모양을 하고 있습니다. 누가 만들었는지 아직 밝혀지지 않은 '미스터리 써클'이라 불리는 밀밭 원도 원의 모양을 하고 있습니다. 밀밭 원은 그 구성이 매우 정교하고 기하하적이기 때문에 원의 성질을 잘 알고 있는 누군가가 만들었다고 생각할 수 있습니다. 원은 평면에서 한 점으로부터 거리가 일정한 점들이 그리는 도형으로 완벽한 대칭성을 가지고 있는 아름다운 도형입니다. 이런 원을 좌표평면 위에 나타내어 원의 성질을 알아보는 것이 이 단원의 목표입니다.

미스터리 서클

좌표평면에서 중심이 $\mathrm{C}(a, b)$이고 반지름의 길이가 r인 원의 방정식을 구해 봅시다.

원 위의 임의의 점을 $\mathrm{P}(x, y)$라고 하면

$\overline{\mathrm{CP}} = r$이므로

$$\sqrt{(x-a)^2 + (y-b)^2} = r$$

이고, 이 식의 양변을 제곱하면

$$(x-a)^2 + (y-b)^2 = r^2 \quad \cdots\cdots ①$$

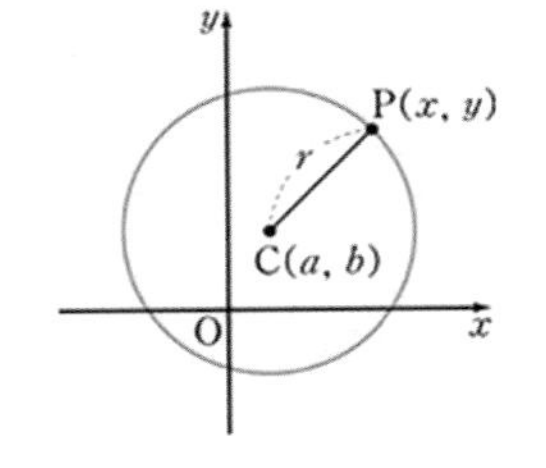

이 됩니다. 평면 위의 한 점으로부터 거리가 일정한 점들이 이루는 도형을 원이라고 하고 이때 한 점이 원의 중심이고, 일정한 거리가 원의 반지름의 길이입니다. 이 원의 정의를 가지고 좌표평면에 나타낼 수 있는 원의 방정식을 구해보면 다음과 같습니다.

〈원의 방정식〉

중심이 점(a, b)이고 반지름의 길이가 r인 원의 방정식은

$$(x-a)^2+(y-b)^2=r^2$$

좌표평면에서 원과의 위치 관계를 이야기하는 것은 직선의 방정식입니다. 두 직선의 교점의 좌표는 직선을 나타내는 두 일차 방정식이 이루는 연립방정식의 실수해인 것을 이미 배웠습니다. 이와 같이 원과 직선의 교점의 좌표는 원의 방정식과 직선의 방정식이 이루는 연립방정식의 실수해와 같습니다.

그런데 원과 직선의 위치 관계는 교점의 개수에 따라 세 가지로 나누어지므로 원과 직선의 위치 관계만 알고자 하면 연립방정식의 실수해의 개수를 구하면 됩니다. 특히 원과 직선의 위치 관계 중 접하는 접선의 방정식은 매우 중요하기 때문에 접선의 방정식을 구하는 방법을 여러분이 잘 알아두면 매우 편리합니다.

좌표평면 위의 원과 직선의 방정식을 각각

$x^2+y^2=r^2$ ……① $y=mx+n$ ……②

이라고 할 때, ②를 ①에 대입하여 y를 소거하면

$x^2+(mx+n)^2-r^2=0$

이차방정식 $(m^2+1)x^2+2mnx+n^2-r^2=0$의 판별식을 D 라고 하면 원과 직선의 위치 관계는 다음과 같이 정해진다.

❶ $D>0$ 이면 서로 다른 두 점에서 만난다.

❷ $D=0$ 이면 한 점에서 만난다(접한다).

❸ $D<0$ 이면 만나지 않는다.

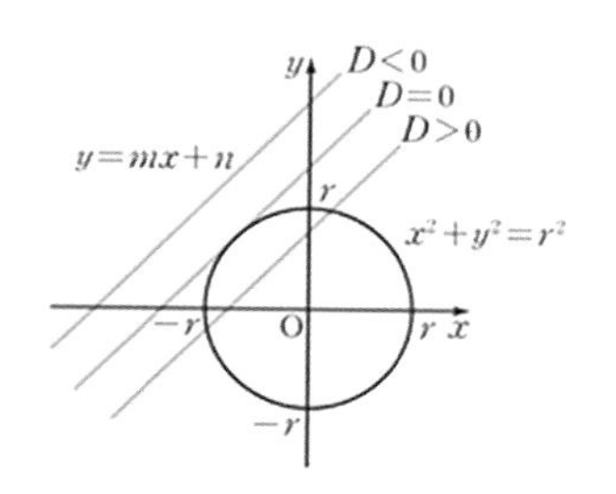

원과 직선의 관계를 이용하여 접선의 방정식을 구해서 정리하면 다음과 같습니다.

〈원과 접선의 방정식〉

① 기울기가 주어진 원의 접선의 방정식

좌표평면에서 원 $x^2+y^2=r^2\ (r>0)$에 접하고 기울기가 m인 접선의 방정식은

$y=mx\pm r\sqrt{m^2+1}$

② 원 위의 한 점에서 그은 접선의 방정식

좌표평면에서 원 $x^2+y^2=r^2\ (r>0)$ 위의 점 $\mathrm{P}(x_1,\ y_1)$에서의 접선의 방정식은

$x_1x+y_1y=r^2$

<연습문제>

1. 원 $x^2+y^2=10$ 위의 점 $\mathrm{P}(\ 3,\ 1)$에서의 접선과 x축, y축으로 둘러싸인 부분의 넓이를 구하시오.

<해답>

1. 학습목표 원 위의 한 점에서 그은 접선의 방정식을 구할 수 있다.

풀이 $3\times x+1\times y=10$, 즉 $3x+y-10=0$ 이다.

이 직선이 x축, y축과 만나는 점의 좌표는 각각

$(\frac{10}{3},\ 0),\ (0,\ 10)$

이므로 직선과 x축, y축으로 둘러싸인 도형의 넓이는

$\frac{1}{2}\times\frac{10}{3}\times 10=\frac{50}{3}$

21. 도형은 좌표평면에서 어떻게 이동할까요?

도형을 이동하여 예쁜 형태를 만드는 것은 일상생활에 많이 활용되고 있습니다.

앰비그램(ambigram), 데칼코마니(Decalcomanie), 테셀레이션(Tessellation) 등이 그런 예입니다. 이런 도형의 이동을 수학적으로 해석해서 설명하는 것이 이 단원의 목표입니다. 여러 가지 도형의 이동 중 좌표평면에서 평행이동과 대칭이동의 의미를 이해하고, 평행이동과 대칭이동한 도형의 방정식을 구하는 방법을 공부하고자 합니다.

앰비그램(ambigram)
글자 디자인 중 하나로 글자를 읽는 방향이나 보는 관점에 따라 글자의 모양이 변하거나 그대로 유지되는 디자인. 기본원리는 대칭이동이나 회전이동을 이용해서 디자인 합니다.

우선 평행이동에 대해서 이야기해볼까요? 평행이동은 여러분이 느끼는 그 느낌대로 x축, y축과 평행하게 움직이는 것을 말합니다. 평행이동은 점과 도형의 평행이동으로 나뉩니다. 도형은 점들이 모여서 만들어졌지만 점의 평행이동과 도형의 평행이동은 아래와 같이 다르게 이야기합니다. 여러분이 교과서를 꼼꼼히 공부해서 이 차이를 꼭 확인하시기 바랍

니다. 교과서 개념을 이해하지 않고 공식 암기만 하면 문제 해결에 많은 어려움이 있을 거예요.

〈평행이동〉

(1) 점의 평행이동
점 $\mathrm{A}(x,\ y)$를 x축의 방향으로 a만큼, y축의 방향으로 b만큼 평행이동한 점 A'의 좌표는 $(x+a,\ y+b)$

(2) 도형의 평행이동
방정식 $f(x,\ y)=0$이 나타내는 도형을 x축의 방향으로 a만큼, y축의 방향으로 b만큼 평행이동한 도형의 방정식은 $f(x-a,\ y-b)=0$

초등학교에서 우리는 이미 점대칭도형과 선대칭도형을 배우면서 점대칭이 무엇이지 선대칭이 무엇인지에 대한 개념을 배웠습니다. 고등학교에서는 좌표평면에 있는 도형을 대칭이동했을 때 어떤 도형의 방정식이 나오는지를 배우게 됩니다.

〈도형의 대칭이동〉

방정식 $f(x,\ y)=0$ 이 나타내는 도형을

① x축에 대하여 대칭이동한 도형의 방정식은
$f(x,\ -y)=0$

② y축에 대하여 대칭이동한 도형의 방정식은
$f(-x,\ y)=0$

③ 원점에 대하여 대칭이동한 도형의 방정식은
$f(-x,\ -y)=0$

④ 직선 $y=x$에 대하여 대칭이동한 도형의 방정식은
$f(y,\ x)=0$

즉, 방정식 $f(x,\ y)=0$ 이 나타내는 도형을 x축에 대하여 대칭이동 하라고 하면 y의 부호를 반대로, y축에 대하여 대칭이동 하라고 하면 x의 부호를 반대로, 원점에 대하여 대칭이동 하라고 하면 x, y의 부호를 모두 반대로 바꾸면 됩니다. 또한, 직선 $y=x$ 에 대하여 대칭이동 하라고 하면 x 대신 y, y 대신 x를 대입하여 대칭이동한 도형의 방정식을 구하면 편리하게 구할 수 있습니다. 대칭이동도 평행이동과 마찬가지로 교과서에 있는 개념정리를 꼭 확인하기 바랍니다.

<연습문제>

1. 직선 $y = 2x + 1$을 x축의 방향으로 k만큼 평행이동한 후, 원점에 대한 대칭이동한 직선이 점 $(2, 5)$를 지난다. 이때 상수 k의 값을 구하시오.

<해답>

1. 학습목표 평행이동, 대칭이동한 도형의 방정식을 구할 수 있다.

풀이 직선 $y=2x+1$ 을 x 축의 방향으로 k 만큼 평행이동하면

$y=2(x-k)+1=2x-2k+1$ 이고

다시 원점에 대하여 대칭이동하면 $-y=\ -2x-2k+1$

즉, $y=2x+2k-1$ 이다.

이 직선이 점 $(2,\ 5)$ 을 지나므로

$x=2$, $y=5$ 를 대입하면

$5=4+2k-1$

따라서 $k=1$ 이다.

22. 도형의 방정식은 다음에 무엇을 배우기 위해서 배우는 건가요?

중학교 때 여러분은 유클리드 기하의 기본을 배웠습니다. 유클리드 기하는 정의와 정리를 이용한 증명과 눈금 없는 자와 컴퍼스를 이용한 작도가 주를 이루기 때문에 여러분이 많이 힘들어 하는 분야이기도 합니다. 이러다 보니 중학교 때 기하에 대한 흥미가 떨어져서 고등학교에서도 '난 도형은 못해' 하는 생각을 가지고 이 단원을 접하게 되죠.

하지만, 고등학교의 도형의 방정식은 해석기하학분야입니다. 도형을 좌표축에 놓고 문제를 해결하기 때문에 문제 해결의 도구로 다항식의 연산을 자주 사용합니다. 따라서, 여러분이 겁을 먹지 않고 문제를 풀어본다면 좀 더 쉽게 해결할 수 있을 것입니다.

선수학습 교육과정	
세부사항	[중1] 1. 기본도형 2. 작도와 합동 3. 평면도형의 성질 4. 입체도형의 성질 [중2] 5. 삼각형과 사각형의 성질 6. 도형의 닮음 7. 피타고라스의 정리 [중3] 5. 이차방정식
학습요소	[중1] 점, 교선, 두 점 사이의 거리, 중점, 수직이등분선, 꼬인 위치, 교각, 맞꼭지각, 엇각, 동위각, 평각, 직교, 수선의 발, 작도, 대변, 애각, 삼각형의 합동 조건, 내각, 외각, 부채꼴, 중심각, 호, 현, 활꼴, 할선, 다면체, 각뿔대, 정다면체, 원뿔대, 회전체, 회전축, $\overleftrightarrow{AB}$, $\overrightarrow{AB}$, $\overline{AB}$, $//$, $\angle ABC$, $\equiv$, $\overset{\frown}{AB}$ [중2] 접선, 접점, 접한다, 외심, 내심, 외접, 외접원, 내심, 내접, 내접원, 중선, 무게중심, 닮음, 닮음비, 삼각형의 닮음 조건, 피타고라스의 정리, $\square ABCD$ [중3] 원주각

고1 교육과정	
세부사항	Ⅲ. 도형의 방정식 1. 평면좌표 2. 직선의 방정식 3. 원의 방정식 4. 도형의 이동
학습요소	내분, 외분, 대칭이동, $f(x, y)=0$

후속학습 교육과정	
세부사항	[기하] 1. 이차곡선 2. 벡터의 연산 3. 평면벡터의 성분과 내적
학습요소	이차곡선, 포물선(축, 꼭짓점, 초점, 준선), 타원(초점, 꼭짓점, 중심, 장축, 단축), 쌍곡선(초점, 꼭짓점, 중심, 주축, 점근선), 벡터, 시점, 종점, 벡터의 크기, 단위벡터, 영벡터, 실수배, 평면벡터, 위치벡터, 벡터의 성분, 내적, 방향벡터, 법선벡터, $\overrightarrow{\mathrm{AB}}$, $\vec{a}$, $\lvert\vec{a}\rvert$, $\vec{a} \cdot \vec{b}$

고등학교 1학년에서 직선과 원의 방정식을 배웠다면 기하에서는 이차곡선 즉 포물선, 타원, 쌍곡선에 대한 정의와 이 이차곡선들이 가지는 성질들을 배웁니다. 또한, 벡터라는 새로운 분야를 배우게 되는데 이것을 좌표 축에 표현하고 좌표평면에서 가지는 선과 점의 성질들을 그대로 이용하게 됩니다. 수학에서 기본이 중요하듯이 1학년 때 도형의 방정식을 잘 공부해 놓으면 2, 3학년 때 배우는 부분도 어렵지 않아요.

수학의 논리적 표현,
집합과 명제

집합은 언제 만들어진 걸까요? 집합론은 19세기 후반 칸토어(Cantor, G., 1845~1918)에 의하여 시작된 것으로 인정되고 있습니다. 그러나, 집합의 개념과 집합의 연산 법칙은 칸토어 이전부터 사용되고 있었습니다.

고대 그리스 시대 제논의 역설을 통해서 알 수 있듯이 수학자들은 무한대 및 무한집합의 개념과 씨름해 왔지만 명확히 설명할 수는 없었습니다. 16세기 말 갈릴레이(Galilei, G., 1564~1642)는 자연수 전체와 짝수 전체 사이에 $n \to 2n$와 같이 하나씩 대응시킬 수 있으며 자연수의 개수와 짝수의 개수는 같다고 주장했는데 이것은 칸토어가 말한 집합의 대등이라는 개념과 같습니다. 하지만, 갈릴레이 역시 무한집합에 대한 명쾌한 답을 하지 못했습니다.

칸토어

칸토어(Cantor, G., 1845~1918)
그 당시 새로운 수학개념인 집합론을 창시한 독일의 수학자.
칸토어는 '수학의 본질은 그 자유성에 있다.'라는 유명한 말을 남겼습니다.

19세기 말에 이르러 무한집합에 대해 수학적으로 진지하게 접근한 수학자가 등장했는데, 그가 바로 칸토어입니다. 그는 그 당시까지 막연하게 알려진 무한의 개념을 무한집합을 이용하여 명확히 설명하였습니다. 칸토어가 집합론을 생각하게 된 근본적인 이유는 무한의 개념을 논리적으로 명확하게 설명하기 위함이었습니다. 또한, 유한집합 또는 자연수의 집합과 같은 기수(cardinal number)를 갖는 집합을 가산집합(countable set)이라 하고 가산집합이 아닌 집합을 비가산집합(uncountable set)이라고 정의했습니다. 칸토어는 유리수 전체의 집합 Q는 가산집합이고 실수 전체의 집합 R는 비가산집합임을 보였습니다.

발표 당시에는 집합에 대한 이론이 이전의 수학과는 전혀 다른 내용이어서 당시 대부분의 수학자로부터 외면당했으나 오늘날 칸토어의 집합론은 수학의 거의 모든 분야에서 쓰이고 있으며, 특히 위상수학과 실함수론의 기초에서 중요한 역할을 하고 있습니다.

23. 집합도 연산이 가능합니다.

수학에서는 새로운 분야가 만들어질 때는 반드시 수학적 개념에 대한 정의를 완벽하게 해야 합니다. 지금까지 우리가 배운 수학이 수의 연산, 방정식, 부등식과 같은 대수학이나 도형에 대한 기하학이였습니다. 하지만, 집합의 개념은 앞에서 말했듯이 19세기 말에 이르러 생긴 수학개념으로 새롭고 낮설기 때문에 집합의 정의와 집합의 연산에 대한 정의를 정확하게 이해해야 합니다. 집합은 수학적 대상을 논리적으로 표현하고 이해하는 도구로, 이를 통해 수학적인 식이나 문장을 이해하는 능력을 기를 수 있습니다.

수에서도 사칙연산이 존재하듯이 집합에서도 연산이 존재합니다. 다만 수의 사칙연산과 같이 덧셈, 뺄셈, 곱셈, 나눗셈이 아니라 집합에서는 합집합, 교집합, 차집합, 여집합 등이 정의됩니다.

· 보통 집합은 영어의 알파벳 대문자 $A, B, C, \cdots$ 로 나타내고, 원소는 소문자 $a, b, c, \cdots$ 로 나타냅니다.

집합의 연산

(1) 합집합

$A \cup B = \{x \mid x \in A$ 또는 $x \in B\}$

(2) 교집합

① $A \cap B = \{x \mid x \in A$ 그리고 $x \in B\}$

② $A \cap B = \varnothing$ 일 때, 두 집합 A와 B는 서로소 라고 한다.

(3) 여집합

$A^C = \{x \mid x \in U$ 그리고 $x \notin A\}$

(4) 차집합

$A - B = \{x \mid x \in A$ 그리고 $x \notin B\}$

집합의 연산은 위와 같이 정의되고 이 연산들 사이에 어떤 연산법칙이 성립하는 지 알아보아야 합니다.

• 벤다이어그램은 영국의 논리학자 벤 (Venn, J.,1834~1923)이 창안한 그림으로 벤다이어그램으로 본 교집합과 합집합은 아래와 같습니다.

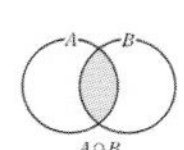

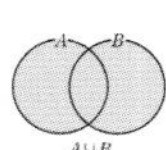

집합의 연산 법칙

(1) 교환법칙, 결합법칙, 분배법칙

① $A \cup B = B \cup A$, $A \cap B = B \cap A$

② $(A \cup B) \cup C = A \cup (B \cup C)$

$(A \cap B) \cap C = A \cap (B \cap C)$

③ $A \cap (B \cup C) = (A \cap B) \cup (A \cap C)$

$A \cup (B \cap C) = (A \cup B) \cap (A \cup C)$

(2) 드모르간의 법칙

$(A \cup B)^C = A^C \cap B^C$, $(A \cap B)^C = A^C \cup B^C$

이런 연산법칙 등을 사용하여 논리적인 증명 등을 할 수 있습니다.

<연습문제>

1. 전체집합 $U = \{x \mid x$ 는 10 이하의 자연수$\}$ 의 두 부분집합 $A = \{x \mid x$ 는 홀수$\}$, $B = \{2, 3, 5, 8\}$ 에 대하여 다음 집합을 구하시오.

(1) $A \cap B$

(2) A^C

(3) $B-A$

(4) $A^C \cup B^C$

<해답>

1. 학습목표 집합의 연산을 할 수 있다.

풀이 $U = \{1, 2, 3, 4, 5, 6, 7, 8, 9, 10\}$

$A = \{1, 3, 5, 7, 9\}$, $B = \{2, 3, 5, 8\}$

(1) $A \cap B = \{3, 5\}$

(2) $A^C = U - A = \{2, 4, 6, 8, 10\}$

(3) $B - A = \{2, 8\}$

(4) $A^C \cup B^C = (A \cap B)^C = \{1, 2, 4, 6, 7, 8, 9, 10\}$

24. 명제와 증명의 세계

(1) 명제

고대 그리스의 철학자 아리스토텔레스(Aristoteles, BC 384 ~ BC 322)는 논증을 바탕으로 고대로부터 내려온 자연에 대한 지식을 체계화 하며 논리학이란 학문을 체계화 하였습니다.

수학을 공부하는 이유가 바로 논리적인 사고를 하는 방법을 배우는 것입니다. 수학에서 추구하는 논리적 사고력은 실생활에 접하는 여러 가지 문제들을 합리적으로 해결하는 능력이며 이것은 바로 명제를 논리적으로 구사하는 능력이라고 말할 수 있습니다. 명제는 그 내용이 참인지 거짓인지를 명확하게 판별할 수 있는 문장이나 식을 말합니다. 따라서, 명제의 참과 거짓의 판별 등을 통해 논증의 구조를 분석하는 논리적 판단, 수학과 명제의 연관성에 대하여 학습하고자 합니다.

• 명제 또는 조건은 보통 알파벳 소문자 p, q, r, …로 나타냅니다.

명제의 역과 대우

(1) 조건 또는 명제 p에 대하여 'p가 아니다.'를 p의 부정이라 하고, 기호 $\sim p$로 나타낸다.

(2) 명제 $p \rightarrow q$에 대하여 $q \rightarrow p$, $\sim q \rightarrow \sim p$를 각각 명제 $p \rightarrow q$의 역, 대우라고 한다.

(3) 명제 $p \rightarrow q$가 참이면 대우 $\sim q \rightarrow \sim p$도 참이고, 대우 $\sim q \rightarrow \sim p$가 참이면 명제 $p \rightarrow q$도 참이다.

충분조건과 필요조건

(1) 명제 $p \rightarrow q$가 참일 때, $p \Rightarrow q$와 같이 나타낸다.

(2) $p \Rightarrow q$일 때, p는 q이기 위한 충분조건이고 q는 p이기 위한 필요조건

$p \Leftrightarrow q$일 때, p는 q이기 위한 필요충분조건

가정과 결론으로 이루어진 명제의 참과 거짓을 판별하기 위해서 대우의 관계를 이용합니다. 대우를 이용하기 위해서는 명제의 부정인 $\sim p$ 를 알아야 되고요. 명제가 참이면 대우명제도 참이기 때문에 부정이 섞인 문

장의 참, 거짓은 대우를 이용하면 매우 편리합니다.

명제의 참, 거짓 판단이 익숙하면 실생활에서도 논리적 사고력을 가지고 다른 사람이 하는 말이 논리적인지 아니면 모순이 있는 지 알아낼 수 있게 됩니다.

(2) 여러 가지 증명

우리가 일상생활에서 사용하는 용어는 사람마다 다르게 해석되면 의사소통이 되기 않기 때문에 정확한 용어를 써야 합니다. 수학에도 용어의 뜻을 정확하게 이야기하지 않으면 의미를 제대로 전달할 수 없습니다. 수학에서는 용의의 뜻을 명확하게 적한 문장을 정의(definition), 정의와 성질 등을 이용하여 참임을 보일 수 있는 명제를 정리(theorem), 어떤 명제가 참임을 밝히는 과정이 증명(proof)이라고 이야기 합니다.

• 정의 : 정사각형은 네 각이 모두 직각이고 네 변의 길이가 모두 같은 사각형이다.

• 정리 : 직각삼각형에서 직각을 끼고 있는 두 변의 길이의 제곱의 합은 빗변의 길이의 제곱과 같다 (피타고라스의 정리)

• 증명: 피타고라스의 정리를 증명하시오.

여러 가지 증명

1. **연역적 증명**(직접증명법)

   예) '두 홀수의 곱은 홀수이다'를 증명하시오.

2. **대우를 이용한 증명**(간접증명법)

   직접증명이 어려우면 대우를 이용하여 증명한다.

   예) '자연수 n에 대하여 n^2 이 짝수이면 n 이 짝수이다.'를 증명하시오.

3. **귀류법**(간접증명법)

   주어진 명제의 결론을 부정하여 가정 또는 이미 알려진 수학적 사실 등에 모순됨을 보여 원래의 명제가 참임을 증명한다.

   예) ' $\sqrt{2}$ 가 무리수이다' 를 증명하시오.

4. 수학적 귀납법

자연수 n에 대하여 명제 $p(n)$이 모든 자연수에 대하여 성립하려면 다음 두 가지를 증명하면 된다.

i) $n=1$ 일 때, 명제 $p(n)$이 성립한다.

ii) $n=k$ 일 때, 명제 $p(n)$이 성립한다고 가정하면 $n=k+1$ 일 때, 명제 $p(n)$이 성립하다

예) 자연수 n에 대하여 $1+2+3+\cdots+n=\frac{n(n+1)}{2}$ 이 성립함을 보이시오.

명제에 따라 증명을 하는 방법은 다양하게 존재하는데 위와 같이 주어진 명제의 성격에 따라 네 가지 방법으로 증명하면 매우 편리합니다.

고등학교 1학년에서는 연역적 증명, 대우를 이용한 증명, 귀류법을 이용한 증명을 배우며 [수학 I]에서 수학적 귀납법을 이용한 증명을 배우게 됩니다. 특히 수학적 귀납법은 수리논술에서 자주 사용되므로 잘 공부해야 합니다.

<연습문제>

1. 다음 명제의 대우의 참, 거짓을 판별하시오.

(1) $a^2 \neq b^2$ 이면 $a \neq b$이다.

(2) 직사각형은 평행사변형이다.

(3) $(a-1)(b-2) \leq 0$ 이면 $a \leq 1$ 또는 $b \leq 1$이다.

<해답>

1. 학습목표 주어진 명제의 대우를 구하고, 그것의 참, 거짓을 판별할 수 있다.

풀이 (1) 대우: $a=b$ 이면 $a^2=b^2$ 이다. (참)

(2) 대우: 평행사변형이 아니면 직사각형이 아니다. (참)

(3) 대우: $a>1$ 이고 $b>2$ 이면 $(a-1)(b-2)>0$ 이다. (참)

25. 집합과 명제는 다음에 무엇을 배우기 위해서 배우는 건가요?

집합과 명제는 고등학교 수학에서 좀 색다른 단원입니다. 집합은 다음 단원에 나오는 함수를 정의역, 공역, 치역 등 집합의 대응을 이용하여 정의하는데 이용됩니다. 이렇게 집합을 이용하여 함수를 정의하면 지금까지 배운 일차함수, 이차함수 외에도 추상적이고 임의적인 대응도 함수라고 말할 수 있게 됩니다.

명제 단원에서는 명제의 참, 거짓과 증명에 관련된 내용을 배웠습니다. 따라서, 앞으로 증명을 해야 할 때에는 명제에서 배운 증명방법을 사용하면 됩니다.

선수학습 교육과정	
세부사항	[중2] 4. 일차방정식과 연립일차방정식
학습요소	전개, 부등식, 일차부등식, 연립방정식

고1 교육과정	
세부사항	Ⅳ. 집합과 명제 1. 집합 2. 명제
학습요소	집합, 원소, 공집합, 부부집합, 진부분집합, 벤 다이어그램, 합집합, 교집합, 전체집합, 여집합, 차집합, (집합의) 서로소, 교환법칙, 결합법칙, 분배법칙, 드 모르간의 법칙. 명제, 가정, 결론, 정의, 정리, 증명, 조건, 진리집합, 부정, 역, 대우, 충분조건, 필요조건, 필요충분조건, 귀류법, 절대부등식, $a\in A$, $b\not\in B$, $\varnothing$, $A\subset B$, $A\not\subset B$, $A=B$, $A\neq B$, $A\cup B, A\cap B$, $A-B$, $n(A)$, $\sim p$, $p\rightarrow q$, $p\Rightarrow q$, $p\Leftrightarrow q$

후속학습 교육과정	
세부사항	[수학] Ⅴ. 함수와 그래프 1. 함수 2. 유리함수와 무리함수
학습요소	정의역, 치역, 공역, 대응, 일대일대응, 항등함수, 상수함수, 일대일함수, 합성함수, 역함수, 다항함수, 유리식, 무리식, 유리함수, 점근선, 무리함수, $f: X\rightarrow Y$, $g\circ f$, $(g\circ f)(x)$, $y=(g\circ f)(x)$, f^{-1}, $y=f^{-1}(x)$

알고 보면 재미있는 함수의 세계

함수는 알게 모르게 우리의 실생활과 밀접한 관계가 있습니다. 예를 들어 주민등록번호와 학교에서 쓰는 학번 등은 사람들과 일대일함수 관계가 있습니다. 주식 그래프나 인구 증가율, 출산율에 대한 함수는 지금 그 집단이 가진 특징을 분석하여 미래를 예측하는 수단이 되기도 합니다. 여러분이 하루에도 수십 번씩 사용하고 있는 스마트폰과 시내버스나 지하철을 탈 때 쓰는 교통 카드에도 보이지 않지만 암호의 알고리즘이 숨어 있는데 이것 역시 함수의 원리를 이용한 것입니다. 컴퓨터의 자판을 누르면 모니터에 여러분이 누른 자판에 쓰인 글자가 반드시 하나씩 나타납니다. 도서관에 가보면 도서관에 진열되어 있는 모든 책들이 청구 기호라는 이름표를 하나씩 가지고 있습니다. 이런 모든 현상이 대응의 개념인 함수와 관련이 있습니다.

함수는 이렇듯 여러 가지 변화 현상을 포함한 다양한 대응 관계를 표현하고 있을 뿐만 아니라 계산을 가능하게 됩니다. 또한 함수의 그래프를 통해 시각적으로 표현할 수도 있습니다. 따라서 함수는 다양한 변화 현상에서의 수학적 관계를 이해하고 표현함으로써 여러 가지 문제를 해결하는 데 도움이 됩니다.

26. 함수의 정의

중학교 때 여러분은 일차함수, 이차함수를 통해서 함수의 개념을 이미 배웠습니다. 하지만, 중학교에서 배운 함수의 개념으로는 함수 개념을 넓게 확장 할 수가 없습니다. 단순히 일차함수, 이차함수만을 이야기 할 수 있지요.

디리클레

독일의 수학자 디리클레(Dirichlet, J. P.G.L.,1805~1859)는 함수의 개념을 집합 사이의 대응 관계로 설명했습니다.

그렇다면 함수를 어떻게 정의해야 함수를 확장시키기 편할까요?

바로 집합의 개념을 이용하는 것입니다.

따라서 이 단원에서는 중학교와는 다르게 집합의 대응을 이용하여 함수를 정의하고 있습니다. 이렇게 함수를 정의하면 실제적인 의미가 있는 관계식을 갖는 대응 외에 여러 가지 다양한 대응들도 함수로 이야기 할 수 있기 때문입니다.

집합 X 의 각 원소에 집합 Y 의 원소가 하나씩 대응할 때, 이 대응 f를 집합 X 에서 집합 Y로의 함수라 하고, 이것을 기호로 $f : X \rightarrow Y$ 로 나타냅니다. 이때 집합 X 를 함수 f 의 정의역, 집합 Y 를 함수 f 의 공역 이라 하고, 함숫값 전체의 집합 $\{f(x) \mid x \in X\}$를 함수 f 의 치역이라고 부릅니다. 이렇게 집합의 개념을 이용하여 함수를 정의하면 합성함수, 역함수와 같이 새로운 함수를 쉽게 정의할 수 있습니다.

함수의 그래프 역시 정의역과 치역의 순서쌍으로 좌표평면에 나타낼 수 있습니다.

• 일대일함수
함수 $f : X \rightarrow Y$ 에서 정의역 X의 임의의 두 원소 x_1, x_2에 대하여 $x_1 \neq x_2$이면 $f(x_1) \neq f(x_2)$가 성립하는 함수

• 일대일대응
함수 $f : X \rightarrow Y$ 가 일대일함수이고 치역과 공역이 같은 함수

합성함수

두 함수 $f : X \rightarrow Y$, $g : Y \rightarrow Z$ 에서 집합 X 의 각 원소 x에 집합 Z 의 원소 $g(f(x))$를 대응시키는 함수를 f와 g의 합성함수라 하고, 기호 $g \circ f$로 나타낸다.

역함수

(1) 함수 $f : X \rightarrow Y$가 일대일대응일 때, Y의 각 원소 y에 $y = f(x)$인 X의 원소 x를 대응시키는 함수를 함수 f 의 역함수라 하고 기호 $f - 1$로 나타낸다.

(2) 함수 $y = f(x)$의 그래프와 역함수 $y = f^{-1}(x)$의 그래프는 직선 $y = x$에 대하여 서로 대칭이다.

특히 합성함수와 역함수는 수능문제에 잘 활용되므로 그 정의와 성질을 완벽히 이해해 놓아야 합니다.

<연습문제>

1. 두 함수 $f(x) = x^2 + 2x - 1$, $g(x) = 2x$ 에 대하여 $(f \circ g)(2)$의 값을 구하시오.

2. 함수 $f(x) = x + a$에 대하여 $f^{-1}(3) = 2$일 때, 상수 a의 값을 구하시오.

<해답>

1\. 학습목표 합성함수의 성질을 이용하여 합성함수의 함숫값을 구할 수 있다.

풀이 $g(2) = 4$이므로

$(f \circ g)(2) = f(g(2)) = f(4) = 4^2 + 2 \times 4 - 1 = 23$

2\. 학습목표 역함수의 성질을 이용하여 미지수의 값을 구할 수 있다.

풀이 $f^{-1}(3) = 2$ 이므로 $f(2) = 3$

함수 $f(x) = x + a$에 $x = 2$ 를 대입하면

$2 + a = 3$

그러므로 $a = 1$

27. 점점 커지는 함수의 세계

중학교 때 여러분이 배운 일차함수, 이차함수는 다항함수의 중 하나입니다. 우리가 수체계를 배울 때에도 자연수, 정수, 유리수와 무리수, 실수, 복소수 이렇게 확장하며 배우듯이 함수도 마찬가지입니다. 고등학교 1학년 때 유리함수, 무리함수를 [수학 Ⅰ]에서 지수함수, 로그함수, 삼각함수를 [수학 Ⅱ]에서 삼차함수, 사차함수를 배우게 됩니다. 여러분은 모든 함수의 그래프를 그릴 줄 알아야 합니다.

함수의 종류가 많아서 걱정이 되나요? 하지만, 수학을 전공한 사람의 입장에서 보면 함수는 다 똑같은 개념을 이야기하고 있으며 각 함수마다의 조금씩 다른 특징이 존재할 뿐입니다

따라서, 각각 다른 것으로 함수를 보지 말고 그 함수가 가지는 다른 성질만을 공부하기 바랍니다.

- 지수함수
  $y = a^x$
  (단, $a > 0, a \neq 1$)
- 로그함수
  $y = \log_a x$
  (단, $a > 0, a \neq 1$)
- 삼각함수
  $y = \sin x$
  $y = \cos x$
  $y = \tan x$

(1) 유리함수

수체계에서 유리수는 $\frac{1}{2}, \frac{7}{5}$ 와 같이 $\frac{n}{m}$ ($n, m \neq 0$ 인 정수)이고 두 다항식 $A, B(B \neq 0)$에 대하여 $\frac{A}{B}$ 의 꼴로 나타낸 식, 예를 들어 $\frac{1}{x}, \frac{2x+1}{x-1}$ 과 같은 식을 유리식이라고 합니다. 함수 $y=f(x)$에서 $f(x)$가 x에 대한 유리식일 때, 이 함수를 유리함수라고 합니다. 가장 기본적인 유리함수는 $y=\frac{k}{x}$ $(k \neq 0)$ 로 여러분이 중학교 때 반비례라고 배운 함수입니다.

유리함수에서 가장 주의할 점은 바로 점근선입니다. 유림함수 $y=\frac{k}{x}$ $(k \neq 0)$의 그래프 위의 점은 x의 절댓값이 커질수록 x축에 한없이 가까워지고 x의 절댓값이 0에 가까워질수록 y축에 한없이 가까워집니다. 이와 같이 곡선 위의 점이 어떤 직선에 한없이 가까워질 때, 이 직선을 그 곡선의 점근선이라고 하며 유리함수에서 가장 많은 함정이 생기는 곳 역시 점근선입니다.

유리함수 $y=\frac{k}{x-p}+q\,(k \neq 0)$ 의 그래프

① $y=\frac{k}{x}$ 의 그래프를 x축의 방향으로 p 만큼, y축의 방향으로 q 만큼 평행이동한 것이다.

② 정의역: $\{x \mid x \neq p$ 인 실수$\}$
   치역: $\{y \mid y \neq q$ 인 실수$\}$

③ 점 $(p,\ q)$ 에 대하여 대칭이다.

④ 점근선: 두 직선 $x=p$, $y=q$

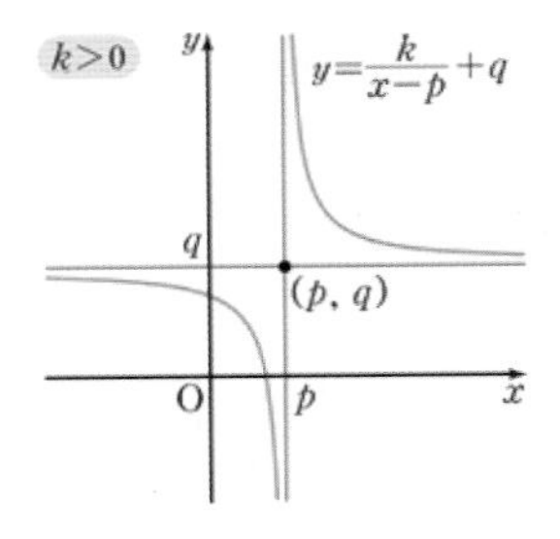

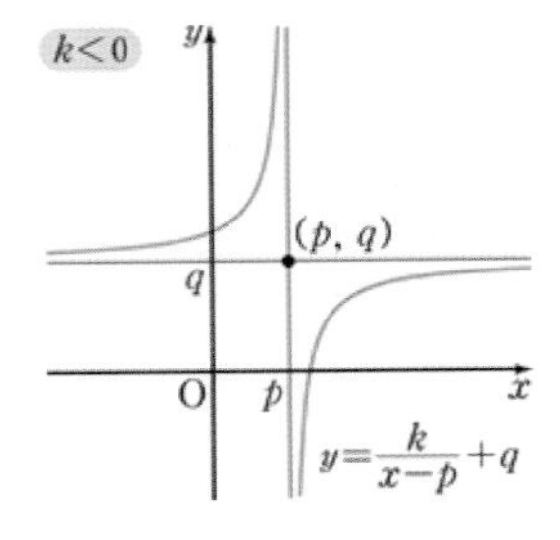

또한 유리함수 중 $y=\frac{ax+b}{cx+d}$ 는 $y=\frac{ax+b}{cx+d}=\frac{\frac{a}{c}(cx+d)+\frac{bc-ad}{c}}{cx+d}$

$=\frac{\frac{bc-ad}{c}}{cx+d}+\frac{a}{c}$ 와 같이 $y=\frac{k}{x-p}+q$ 의 꼴로 변형할 수 있습니다.

따라서, $y=\frac{ax+b}{cx+d}$ 의 점금선은 $x=-\frac{d}{c}$, $y=\frac{a}{c}$ 입니다.

(2) 무리함수

근호 안에 문자가 포함되어 있는 식 중에서 $\sqrt{2x}$, $\sqrt{2-x}+1$, $\frac{1}{\sqrt{x^2+1}}$ 와 같이 유리식으로 나타낼 수 없는 것을 무리식이라고 합니다. 함수 $y=f(x)$ 에서 $f(x)$가 x에 대한 무리식일 때, 이 함수를 무리함수라고 합니다. 그렇다면 무리함수의 특징을 무엇일까요? 무리함수에서 정의역이 주어져 있지 않은 경우에는 근호 안의 식의 값이 0 또는 양수가 되도록 하는 실수 전체의 집합을 정의역으로 합니다.

유리함수와 무리함수 모두 유리식과 무리식을 기억하면 어렵지 않은 함수가 됩니다. 각각 함수의 특징을 잘 기억해 놓기 바랍니다.

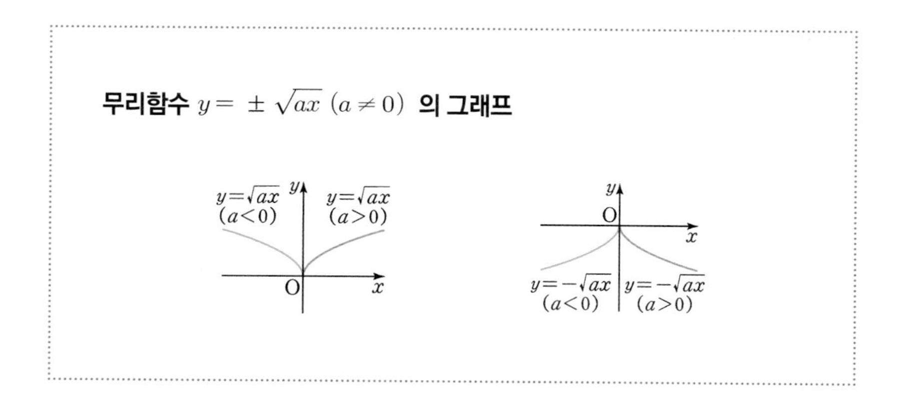

무리함수 $y=\sqrt{a(x-p)}+q\ (a\neq 0)$ 의 그래프

① $y=\sqrt{ax}$ 의 그래프를 x축의 방향으로 p만큼, y축의 방향으로 q만큼 평행이동한 것이다.

② $a>0$ 일 때, 정의역: $\{x|x\geq p\}$, 치역: $\{y|y\geq q\}$

③ $a<0$ 일 때, 정의역: $\{x|x\leq p\}$, 치역: $\{y|y\geq q\}$

<연습문제>

1. 유리함수 $y=\dfrac{1}{2x}$ 의 그래프를 x축의 방향으로 -1 만큼, y축의 방향으로 2만큼 평행이동하면 점 $(0,\ k)$를 지난다. 이때 k의 값을 구하시오

2. 무리함수 $y=\sqrt{2-x}\ +2$ 에 대한 설명 중 옳은 것은?

① 그래프는 $y=\sqrt{x}$ 를 평행이동한 것이다.

② 정의역은 $\{x\,|\,x\geq 2$ 인 실수$\}$이다.

③ 치역은 $\{x\,|\,y\leq 2$ 인 실수$\}$이다.

④ 그래프는 제1사분면, 제2사분면을 지난다.

⑤ 그래프와 y축과의 교점의 좌표는 $(0,\ 2)$ 이다.

<해답>

1. 학습목표 유리함수의 평행이동을 알 수 있다.

풀이 함수 $y=\frac{1}{2x}$ 의 그래프를 x축의 방향으로 -1 만큼, y축의 방향으로 2 만큼 평행이동하면

$$y=\frac{1}{2(x+1)}+2$$

이 그래프가 점 $(0,\ k)$를 지나므로

$k=\frac{1}{2(0+1)}+2$, $k=\frac{5}{2}$

2. 학습목표 무리함수의 그래프를 그릴 수 있고, 그 성질을 안다.

풀이 무리함수 $y=\sqrt{2-x}+2$ 의 그래프는 다음과 같다.

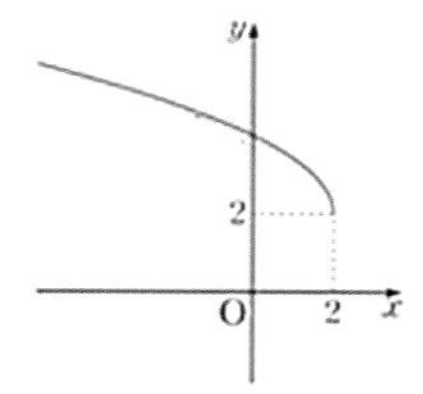

① 그래프는 $y=\sqrt{-x}$ 를 평행이동한 것이다.

② 정의역은 $\{x\,|x\leq 2$ 인 실수$\}$이다.

③ 치역은 $\{x\,|\,y\geq 2$ 인 실수$\}$이다.

⑤ 그래프와 y 축과의 교점의 좌표는 $(0,\ 2+\sqrt{2})$이다.

정답 : ④

28. 함수를 배우면 다음엔 무엇을 배우나요?

함수는 우리의 삶과 밀접한 관계를 가지고 있습니다. 주민등록번호, 인

구증가율, 암호, 수도 맞추기 등도 그렇고 여러 산업분야에 부딪치는 문제를 해결할 때에도 함수가 유용하게 쓰입니다. 화학에서 압력과 부피의 관계를 파악하는 것도 유리함수이며 일기예보에서 나오는 가시거리도 무리함수을 이용하여 계산합니다. 고등학교 1학년 교육과정에서는 유리함수와 무리함수까지 배우고 후에 함수를 좀 더 확대하여 지수함수, 로그함수, 삼각함수 등을 배웁니다.

선수학습 교육과정	
세부사항	[중1] 1. 좌표평면과 그래프 [중2] 2. 일차함수와 그래프 3. 일차함수와 일차방정식의 관계 [중3] 4. 이차함수와 그래프
학습요소	[중1] 변수, 좌표, 순서쌍, x좌표, y좌표, 원점, 좌표축, x축, y축, 좌표평면, 제1사분면, 제2사분면, 제3사분면, 제4사분면, 그래프, 정비례, 반비례 [중2] 함수, 함숫값, 일차함수, 기울기, x절편, y절편, 평행이동, 직선의 방정식, $f(x)$, $y=f(x)$ [중3] 이차함수, 포물선, 축, 꼭지점

고1 교육과정	
세부사항	V. 함수와 그래프 1. 함수 2. 유리함수와 무리함수
학습요소	정의역, 치역, 공역, 대응, 일대일대응, 항등함수, 상수함수, 일대일함수, 합성함수, 역함수, 다항함수, 유리식, 무리식, 유리함수,점근선, 무리함수, $f: X \to Y$, $g \circ f$, $(g \circ f)(x)$, $y=(g \circ f)(x)$, f^{-1}, $y=f^{-1}(x)$

후속학습 교육과정	
세부사항	[수학 Ⅰ] 1. 지수함수와 로그함수 2. 삼각함수 [수학 Ⅱ] 1. 함수의 극한 2. 함수의 연속
학습요소	[수학 Ⅰ] 거듭제곱근, 로그, 로그의 밑, 진수, 상용로그, 지수함수, 로그함수, $\sqrt[n]{a}$, $\log_a N$, $\log N$, 시초선, 동경, 일반간, 호도법, 라디안, 사인함수, 코사인함수, 탄젠트함수, 사인법칙, 코사인법칙, 삼각함수, 주기, 주기함수, $\sin x$, $\cos x$, $\tan x$ [수학 Ⅱ] 구간, 닫힌 구간, 열린 구간, 반닫힌(반열린) 구간, 수렴, 극한(값),좌극한, 우극한, 발산, 무한대, 연속, 불연속, 연속함수, 최대•최소정리, 사잇값 정리, $[a , b]$, (a , b), $[a,b)$, $(a, b]$, $\lim_{x \to a} f(x)$, $\lim_{x \to a-} f(x)$, $\lim_{x \to a+} f(x)$, ∞

인구의 증가율이나 물가상승률, 식품손상지수 등을 계산할 때 지수함수를 이용하며 높이에 따른 기압을 계산하거나 지진의 규모를 나타내는 리히터 규모를 사용할 때에는 로그함수를 사용합니다. 여러분이 잘 아는 바이오리듬은 삼각함수를 사용합니다. 이렇게 실생활 곳곳에 숨어있는 다양한 함수를 앞으로 배우게 됩니다.

실생활과 연관된 경우의 수

경우의 수는 우리의 생활과 밀접한 관계가 있습니다.

아침에 일어나서 어떤 상의와 하의를 입을까 고민하는 것도 여러 가지 옷 코디에 대한 경우의 수로 여러분은 모든 경우 중 하나를 골라서 옷을 맞춰서 입습니다. 승자를 정하기 위해 가위, 바위, 보를 하거나 명절 날 윷놀이를 하는 것도 경우의 수의 한 예입니다.

또한 경우의 수라는 말이 각종 매체에 가장 많이 나올 때가 있습니다. 바로 월드컵이나 올림픽 때입니다. 우리나라 축구 국가대표팀이 16강에 갈 수 있는 경우의 수를 각종 매체에서 분석하곤 합니다. 우리나라 축구 국가대표팀이 예선전 1승을 했는지 안했는지와 같은 조에 있는 다른 팀의 경기 결과에 따라서 16강에 갈 수 있는 경우의 수가 달라지고 그때마다 이를 분석한 자료가 각종 매체에서 쏟아져 나옵니다.

이렇듯 경우의 수는 우리가 인지하지 못하는 사이에도 여러분 생활 곳곳에 숨어 있습니다.

그렇다면 이런 경우에 수는 어떻게 구해야 할까요? 모든 경우를 하나, 하나씩 써서 그 경우의 수를 구해야 할까요?

다양한 상황과 맥락에서 경우의 수를 구하는 체계적인 방법이 존재합니다. 여러분은 이 단원에서 사건이 일어날 수 있는 모든 경우를 분류하고 체계화하여 경우의 수를 쉽게 구하는 방법을 배우게 됩니다. 이런 경우의 수를 바탕으로 수학적 사고를 경험하게 하고, 합리적인 의사 결정의 중요한 도구가 됩니다.

또한 이런 경우의 수가 앞으로 우리가 배울 [확률과 통계] 의 기본이 됩니다. 우선 확률을 배우기 전에 확률과 통계의 기본인 경우의 수에 대해서 배워보겠습니다.

29. 경우의 수

사실 실생활에서 일어나는 경우의 수는 모든 경우를 하나하나 찾아서 그 수를 다 세도 상관없습니다. 예를 들어 한 개의 주사위를 던질 때, 2의 배수 또는 홀수가 나오는 경우의 수를 구해 본다고 할 때 그 경우의 수를 모두 적어보면 1, 2, 3, 4, 5 이렇게 5가지 경우가 생깁니다.

그런데 이렇게 하나하나씩 쓰다 보면 가끔 한 두개의 경우의 수를 빼먹을 때가 있죠.

그래서 이런 문제는 이렇게 분리해서 계산합니다.

주사위의 눈의 수가 2의 배수인 경우는 2, 4의 2가지이고 주사위의 눈의 수가 홀수인 경우의 수는 1, 3, 5의 3가지입니다. 이때, 2의 배수의 눈이 나오는 경우와 홀수의 눈이 나오는 경우는 동시에 일어날 수 없으므로 구하는 경우의 수는 2+3=5가 됩니다.

그냥 계산하는 것이 편하겠다고요? 이런 간단한 문제는 그냥 계산하면 편하지만 문제가 복잡해지면 이야기가 달라집니다.

일반적으로 경우의 수에 대하여 다음과 같은 합의 법칙이 성립합니다.

합의 법칙

두 사건 A, B가 동시에 일어나지 않을 때, 사건 A, B가 일어나는 경우의 수가 각각 m, n이면 사건 A 또는 사건 B가 일어나는 경우의 수는 $m+n$이다.

우리가 일상적으로 많이 사용하는 가위, 바위, 보를 해 볼까요? 두 친구 재영이와 수영이가 가위, 바위, 보를 할 때 일어날 수 있는 경우의 수는 몇 가지 인가요?

재영	수영		(재영, 수영)
가위	가위		(가위, 가위)
	바위		(가위, 바위)
	보		(가위, 보)
바위	가위		(바위, 가위)
	바위	→ 순서쌍으로 나타내면	(바위, 바위)
	보		(바위, 보)
보	가위		(보, 가위)
	바위		(보, 바위)
	보		(보, 보)

위의 그림과 같이 두 사람이 가위, 바위, 보를 했을 때 나오는 모든 경우의 수는 모두 9가지입니다. 재영이가 만들 수 있는 경우의 수는 3가지, 수영이가 만들 수 있는 경우의 수가 3가지므로 구하는 경우의 수는

$3 \times 3 = 9$가지가 됩니다.

일반적으로 경우의 수에 대하여 다음과 같은 곱의 법칙이 성립합니다.

곱의 법칙

사건 A가 일어나는 경우의 수가 m, 그 각각에 대하여 사건 B가 일어나는 경우의 수가 n일 때, 두 사건 A, B가 잇달아 일어나는 경우의 수는 mn이다.

30. 경우의 수를 구하는 방법, 순열과 조합

경우의 수를 쉽게 구하는 방법을 사람들은 언제부터 고민했을까요?

대부분의 수학의 기원이 서양에서 비롯된 것과 달리 순열과 조합의 기원은 동양에서 비롯되었습니다. 중국에서는 우주와 인간의 삶의 다양함을 설명하기 위해 두 개의 효를 배열하여 8괘와 64괘를 만들어 두 개의 효의 다양한 배열로 삶의 방식을 설명하였습니다. 또한 중국에서 시작된 마방진 역시 마찬가지입니다.

인도에서는 브라마굽타(Brahmagupta, 598~665)가 9세기경에 n개의 원소를 가지는 집합의 원소를 재배열하는 순열의 수가 $n(n-1)(n-2) \cdots 2 \times 1$이라는 것을 이미 알고 있었습니다. 이후 여러 수학자들이 연구를 거듭해서 경우의 수를 체계적으로 정리하여 오늘 날 우리가 배우는 순열과 조합이 탄생하게 된 것입니다.

이런 경우의 수로 우리는 확률을 구하게 됩니다. 우선 확률을 배우기 전에 기본이 되는 순열과 조합에 대해서 배워보겠습니다.

• 마방진
1에서 $n2$까지의 자연수를 n행 n열의 정사각형 모양으로 나열하여 가로·세로·대각선의 합이 전부 같아지도록 한 것. 예를 들어 3행 3열의 마방진은 아래와 같습니다.

4	9	2
3	5	7
8	1	6

(1) 순열

1, 2, 3을 서로 다른 두 개의 숫자를 택하여 만들 수 있는 두 자리 자연수는 몇 가지가 있을까요? 이것을 다른 방법으로 생각해보면 십의 자리에 올 수 있는 수는 1, 2, 3 이렇게 3가지이고 그 각각에 대해 일의 자리에 올 수 있는 숫자는 십의 자리 숫자를 제외한 나머지 2개의 숫자 중 하나입니다. 따라서 만들 수 있는 두 자리 자연수는 곱의 법칙에 의하여 $3\times2=6$이 됩니다.

이와 같이 경우의 수를 구하는 방법 중에서 서로 다른 n개에서 $r(0<r\leq n)$ 개를 택하여 일렬로 나열하는 것을 n개에서 r개를 택하는 순열이라고 하고 이 순열의 수를 기호 ${}_n\mathrm{P}_r$ 로 나타냅니다.

위의 두 자리 자연수를 구하는 문제를 하나한 나열해서 경우를 찾아보면 12, 13, 21, 23, 31, 32 이렇게 모두 6가지입니다.

단순한 문제일 때에는 하나씩 찾아도 되지만 복잡한 순열 문제에서는 반드시 공식을 사용하여 구해야 편합니다. 순열은 이것만 기억하세요. 서로 다른 것을 순서대로 나열하는 것이 순열입니다. 따라서, 문제에 순서의 의미가 포함되어있는 지 아닌지를 반드시 확인해 보기 바랍니다.

순열

(1) 서로 다른 n개에서 $r(0<r\leq n)$ 개를 택하여 일렬로 나열하는 것을 n개에서 r개를 택하는 순열이라 하고, 이 순열의 수를 기호 ${}_n\mathrm{P}_r$ 로 나타낸다.

(2) 1부터 n까지의 자연수를 차례대로 곱한 것을 n의 계승이라 하고, 기호 $n!$로 나타낸다.

(3) ① ${}_n\mathrm{P}_n=n!$ $0!=1$ ${}_n\mathrm{P}_0=1$

② ${}_n\mathrm{P}_r=\dfrac{n!}{(n-r)!}$ (단, $0\leq r\leq n$)

• n의 계승
1부터 n까지의 자연수를 차례로 곱한 것
$n!=n(n-1)(n-2)\times\cdots\times3\times2\times1$

(2) 조합

세 개의 문자 a, b, c 중에서 순서를 생각하지 않고 두 개를 택하는 방법을 모두 몇 가지일까요? 세 개의 문자 a, b, c 중에서 순서를 생각하지 않고 두 개를 택하는 방법은 a와 b, b와 c, c와 a 이렇게 3가지입니다. 만약 순서를 생각해서 두 개를 택한다면 ab, ac, ba, bc, ca, cb 이렇게 6 가지입니다.

최석정

조선의 수학자 최석정(崔錫鼎, 1646~1715) 『구수략』에서 마방진의 원리와 세계최초의 '9차 직교라틴방진'을 소개했습니다. 최석정이 알려지기 전까지 오일러 논문이(1776년) 직교라틴방진이 최초로 알려져 있었습니다. 서양 수학보다 우리나라 수학이 더 앞서있다는 것이 놀랍지 않나요?

마방진은 수학의 '조합론' 원리를 가장 기본적인 형태로 표현하고 있습니다.

즉, 순서를 생각하지 않고 선택하는 방법의 수가 순서를 생각하여 선택하는 방법의 수보다 작습니다. 얼마큼 작을까요? 선택된 수가 자리바꾸는 수 만큼 똑같은 경우가 생기므로 선택된 수가 자리를 바꾸는 경우의 수로 나누어 주어야 합니다.

이와 같이 서로 다른 n개에서 순서를 생각하지 않고 $r(0 < r \leq n)$ 개를 택하는 것을 n개에서 r개를 택하는 조합이라 하고, 이 조합의 수를 기호 ${}_n\mathrm{C}_r$ 로 나타냅니다.

뽑는 경우의 수가 조합이고 뽑아서 나열하는 경우의 수가 순열이므로 조합의 수를 순열의 수와 연관 지어 구할 수 있습니다. 서로 다른 n개에서 $r(0 < r \leq n)$개를 택하는 조합의 수는 ${}_n\mathrm{C}_r$이고, 그 각각에 대하여 $r!$가지의 순열을 만들 수 있으므로 전체 순열의 수는 ${}_n\mathrm{C}_r \times r!$ 입니다. 즉 ${}_n\mathrm{C}_r \times r! = {}_n\mathrm{P}_r$가 성립합니다. 따라서, 순열과 조합은 하나을 완벽하게 이해하면 다른 것은 자연적으로 익힐 수 있게 됩니다.

순열

(1) 서로 다른 n개에서 순서를 생각하지 않고 $r(0 < r \leq n)$개를 택하는 것을 n개에서 r개를 택하는 조합이라 하고, 이 조합의 수를 기호 ${}_n\mathrm{C}_r$ 로 나타낸다.

(2) ① $${}_n\mathrm{C}_r = \frac{{}_n\mathrm{P}_r}{r!} = \frac{n!}{r!(n-r)!} \quad (\text{단, } 0 \leq r \leq n)$$

② ${}_n\mathrm{C}_0 = 1$

<연습문제>

1. 7명의 학생 중 3명을 뽑아서 일렬로 세우는 경우의 수를 구하시오.

2. 10명의 학생 중 청소당번 4명을 뽑는 경우의 수를 구하시오.

<해답>

1. 학습목표 순열을 이용하여 실생활 문제를 해결할 수 있게 한다.

풀이 7명의 학생들 중에서 3명을 뽑아 일렬로 세우는 경우의 수는

$${}_7P_3 = 7 \times 6 \times 5 = 210$$

2. 학습목표 조합을 이용하여 실생활 문제를 해결할 수 있게 한다.

풀이 순서를 생각하지 않고 10명의 학생 중에서 4명의 학생을 뽑는 조합의 수와 같으므로 구하는 경우의 수는

$${}_{10}C_4 = \frac{10 \times 9 \times 8 \times 7}{4 \times 3 \times 2 \times 1} = 210$$

31. 경우의 수를 배우면 다음엔 무엇을 배우나요?

여러분은 중학교 때 확률에 대해서 이미 배웠습니다. 실생활에서 수학

을 가장 많이 접해 볼 수 있는 것이 바로 확률과 통계입니다. 확률과 통계는 뉴스에서 많이 보게 되는 수학 영역입니다.

또한 확률의 경우는 우리가 매일매일 뉴스에서 접하고 있습니다. 바로 '날씨'에서죠. 오늘의 비올 확률 '30%', 눈 올 확률 '40%', 매일같이 접하는 내용이 바로 확률입니다. 날씨가 끝나면 나오는 스포츠뉴스에서도 많이 쓰이는 게 확률입니다. 특히 야구에서 타자의 정확도를 나타내는 '타율', 투수의 능력을 나타내는 '방어율' 또한 확률의 영역에 들어갑니다.

또한 사회 뉴스면에서 교통사고 통계, 연령별 결혼 통계, 근로소득 통계, 정당 지지율 등 통계가 아주 많은 곳에 쓰이고 있습니다.

선수학습 교육과정	
세부사항	[중2] 2. 확률과 그 기본 성질
학습요소	사건

고1 교육과정	
세부사항	Ⅵ. 경우의 수 1. 경우의 수 2. 순열과 조합
학습요소	합의 법칙, 곱의 법칙, 순열, 계승, 조합, ${}_nP_r$, $n!$, ${}_nC_r$

후속학습 교육과정	
세부사항	[확률과 통계] 1. 확률의 뜻과 활용 2. 조건부 확률
학습요소	원순열, 중복순열, 중복조합, 이항정리, 이항계수, 파스칼의 삼각형, ${}_n\Pi_r$, ${}_nH_r$, 시행, 통계적 확률, 수학적 확률, 여사건, 배반사건, 조건부확률, 종속, 독립, 독립시행, $P(A)$, $P(B\|A)$

이런 확률과 통계를 정확히 이해하고 알기 위해서는 수학적 확률의 기본이 되는 경우의 수를 잘 알아야 합니다. 고등학교 1학년 때 경우의 수의 한 형태인 순열과 조합을 배우게 되면 이것을 배운 후 [확률과 통계]에서 경우의 수를 구하는 다른 방법 즉 원순열, 중복순열, 중복조합 등을 배우게 됩니다. 이 경우의 수를 배우면 우리가 실생활에서 쓰이는 확률과 통계의 다양한 개념들을 배우게 됩니다.

확률과 통계는 문제를 풀어서 익히는 방법보다 그 내용이 나온 이론적 배경을 잘 알고 개념을 이해하면 문제를 풀기가 쉬워집니다.

내신과 수능 공략 비법

대학입시는 항상 변화가 있습니다. 고등학교 1학년 때 알고 있던 것이 고등학교 3학년이 되면 변하는 경우가 너무 많이 있습니다. 여러분이 치르게 될 대학입시는 지금보다 정시 비중이 높아지는 등 많은 변화가 있습니다. 학생부의 일부 항목이 삭제되는 등 학생부가 간소화되기 때문에 내신이 가지는 비중은 더욱 높아질 전망입니다. 교육 정책이 달라지고, 주변 분위기가 어수선할수록 근본적인 실력을 키우는 바람직한 공부 습관이 중요합니다. 변화하는 입시에 매일 꾸준히, 스스로 공부하는 습관을 잡아 수능과 내신을 여러분이 미리 준비한다면 입시에서 좋은 결과를 얻을 수 있을 것입니다.

32. 내신과 수능 만점 받는 비결

다른 과목과 달리 내신 수학공부와 수능 수학공부는 하나로 연결되어 있습니다. 따라서, 앞에서 이야기한 수학 공부 방법을 따른다면 내신과 수능 두 마리 토끼를 모두 잡을 수 있습니다.

하지만 내신과 수능 수학이 조금 다른 점이 있습니다. 여기서 그 조그만 차이를 이야기하고자 합니다. 여러분이 이 조금의 차이를 알게 되어 내신과 수능을 준비한다면 수학시험에서 좋을 성적을 받을 수 있게 될 것입니다.

(1) 수학 내신 만점 비법

① 예습, 복습하기

모든 공부의 기본은 예습과 복습을 하는 것입니다. 여기서 예습은 사교육으로 선행공부를 하라는 이야기가 아니라 오늘 배울 내용이 무엇인지 가볍게 보라는 것입니다. 예습보다 중요한 것이 바로 복습입니다. 어떻게 수학을 공부해야 하는 지는 앞에서 배웠죠?

개념을 확인하고 문제를 풀어 보고 오답을 정리하면서 그 내용을 여러분 것으로 만들어야 합니다. 개념을 잘 이해했는지 확인하는 방법은 다른 사람을 가르치듯이 그날 배운내용을 설명해 보는 것입니다. 개념을 설명하는 것은 생각보다 어렵습니다. 개념이 확실히 잡히지 않으면 설명을 할 수 없습니다. 모르는 문제가 있을 때 바로 해설을 보거나 다른 사람에게 질문을 하는 것이 아니라 시간이 많이 걸리더라도 스스로 풀릴 때까지 노력해보기 바랍니다.

② 수업시간에 집중하기

학교 수업시간에 집중하지 않고 다른 것을 하거나 잠을 자는 학생들이 많이 있습니다. 모르는 것은 나중에 학원이나 과외에서 물어보면 된다는 생각을 가지고 말입니다. 그런데 많은 학생들이 잘 못 생각하는 것이 있습니다. 학교 내신 문제는 학원선생님이나 과외선생님이 출제하는 것이 아니고 학교선생님들께서 출제합니다. 따라서, 수업시간에 집중해서 수업을 들어야 합니다. 선생님들의 성향에 따라 내신문제의 스타일이 달라지곤 합니다. 내신은 학교 수업을 바탕으로 출제되기 때문에 수업에 적극 참여하여 담당 수학 선생님께서 강조하는 것을 확인해야 합니다.

내신시험은 학교선생님께서 출제한다는 사실을 잊지 마세요

③ 내신 기출문제 풀어보기

출제하시는 선생님들의 성향에 따라 내신 문제도 조금 달라지기 때문에 기출문제를 풀어보면서 준비하는 것이 좋습니다. 내신 시험은 수능과 다르게 범위가 좁기 때문에 하나의 개념을 가지고 다양하게 질문할 수도 있습니다. 또한 내신 시험과 수능 시험은 문제 유형이 다릅니다. 가끔 수능형 문제로 내신 시험을 출제하는 선생님도 있지만 아닌 경우도 많기 때문입니다. 어려운 문제가 나왔을 때 어떤 선생님은 계산력이 좋아야 쉽게 점수를 받을 수 있게 출제하기도 하고 어떤 선생님은 개념을 집중적으로 물어보는 선생님도 있습니다. 따라서, 출제하는 선생님의 성향을 파악하면서 내신기출문제를 풀어보기 바랍니다.

(2) 수능 만점 비결

① 출제 경향 파악하기

수능은 많은 범위에서 시험문제가 나옵니다. 따라서, 내신과는 다르게 고등학교에서 반드시 알고 공부해야 할 중요한 개념만을 계속 물어보게 됩니다. 2~3년간 출제된 수능 수학을 1번부터 30번까지 나온 단원과 개념을 분석해보면 24개에서 27개 정도의 문제가 같은 개념을 물어보고 심지어는 다른 연도의 수능 문제에서 같은 번호에 같은 개념을 묻고 있는 경우도 많이 있습니다. 따라서, 여러분 스스로가 수능 문제를 1번부터 30번까지 단원을 분석해서 보고 부족한 부분을 채워 넣는다면 수능에서 성

공할 수 있습니다.

여러분은 고등학교 3학년 때 보는 6월 모의평가와 9월 모의평가의 문제를 잘 분석하여 출제 경향을 파악하시기 바랍니다. 스스로 출제경향을 분석하여 파악하는 능력이야말로 수능에서 성공하는 비결입니다.

② 틀리는 개념 완전 정복하기

앞에서 말했듯 수능은 항상 물어보던 것을 물어봅니다. 따라서 자주 틀리는 개념은 그 단원을 다시 한번 공부해서 자신의 것으로 만들어야 합니다. 교과서부터 문제집까지 차근차근 정리하면서 공부해야 합니다. 틀린 문제는 반복해서 풀어서 많은 문제들을 확실하게 짚고 넘어가야 합니다. 이렇게 공부하면 비슷한 유형의 변형 문제가 나왔을 때도 큰 무리 없이 문제를 풀어나갈 수 있을 것입니다.

③ 시간에 맞춰 모의고사 풀어보기

수능은 100분이라는 시간 한 번으로 여러분의 대학입시가 결정됩니다. 그렇기 때문에 수능은 엄청난 부담감으로 다가옵니다. 이런 수능에서 최상의 컨디션을 유지해야 좋은 결과를 얻을 수 있는 것입니다. 어떻게 하면 최상의 컨디션을 얻을 수 있을까요?

앞에서 말했듯이 수능 문제를 분석하여 본인의 취약점을 개선해 나가고 자주 틀리는 문제를 반복적으로 풀어서 자신감을 얻어야 합니다. 그리고 100분이 아니라 90분이라는 시간에 맞춰서 모의고사 문제를 풀어봐야 합니다. 학생들 중에 평상시에는 수학시험을 잘 보다가 정작 수능에서는 망치고 오는 학생들이 많이 있습니다. 잘 풀다가 중간에 잘 안 풀리는 문제가 갑자기 생기면 뒷 문제를 못 풀어서 망치는 경우가 다반사이죠.

'연습은 실전처럼 실전을 연습처럼' 이란 말처럼 평상시에 시간을 맞춰서 모의고사를 풀어 봐야 합니다. 그래야 시간 분배도 잘 하고 잘 안 풀리는 문제는 우선 먼저 넘어가고 뒤에 문제를 먼저 푸는 등 스스로 극복할 수 있게 됩니다. 또한 평상시에 100분이 아니라 90분에 맞춰서 풀어야 수능 날 시간이 짧다고 느껴지지 않을 것입니다. 운동선수들이 모래주머니를 달고 달리다가 풀면 몸이 가뿐하다고 생각되는 것과 같은 이치입니다. 조금 힘든 시간 안에 준비하는 연습을 해 놓으면 수능 날 평소 실력을 유감없이 발휘할 수 있을 것입니다.

33. 수리논술 이렇게 준비하세요.

여러분은 이제 수학을 공부해야 하는 이유와 어떻게 수학을 공부해야 하는 지를 알고 있습니다. 그럼에도 불구하고 우리는 대학입시라는 벽에 가로막혀서 입시에서 좋은 성적을 받기 위한 수학공부를 하고 있는 것도 사실입니다.

제가 수학을 공부하는 이유가 무엇이라고 했나요? 나에게 문제가 생겼을 때 이 문제가 왜 생겼는지 문제상황을 파악하고 분석하여 문제해결 전략을 찾고 계획을 실행하여 문제를 해결해야 한다고 했지요. 다른 사람이 하라고 하는 방법에 맞춰서 공부하는 것이 아니라 여러분이 대학입시가 무엇인지를 알고 어떻게 해결해 나아갈까 방법을 생각해 봐야 합니다.

그렇다면 지금부터 대학입시에 대해서 알아보겠습니다.

여러분도 알겠지만 대학을 입학하는 방법에는 정시전형과 수시전형 이렇게 크게 두 분야가 있습니다. 정시전형은 수능 성적을 바탕으로 대학마다 대학별 점수를 내서 선발하는 방법이고 수시전형은 고등학교 생활을 바탕으로 한 학교생활기록부와 대학마다 각 대학에 맞는 입시전형을 만들어서 뽑는 방법입니다. 정시전형은 수능 성적이라는 절대적인 평가

기준이 있지만 수시전형으로 대학마다 원하는 인재상이 달라서 조금씩 그 내용이 다를 수 있습니다. 대학을 가고자 하는 학생들은 본인이 원하는 대학에 수시전형의 종류에 무엇이 있고 필요한 서류가 무엇이 있는지 미리 알아보면 입시를 준비하기가 편해집니다.

그럼 이제 수시전형에 대해 알아보겠습니다.

가끔 언론에서 수시전형이 매우 많다고 여러분을 겁주는 말을 하기도 하지만 자세히 살펴보면 (앞에서 말했듯이 다른 사람들이 말하는 것을 그대로 믿는 것은 수학 공부를 한 사람의 자세가 아닙니다) 수시전형에는 각 대학마다 부르는 명칭만 다를 뿐 학생부 교과, 학생부 종합, 논술, 특기자전형 이렇게 크게 네 분야로 나뉩니다. 수시전형 중 하나인 논술전형은 그 수가 줄어들고 있지만 내신성적이 불리하더라도 상위권 대학에 진학할 수 있는 방법 중 하나입니다. 상경계열 논술전형에도 수리논술을 포함하는 경우도 있지만 특히 이공대 진학을 목적으로 하는 학생은 논술전형이 수리논술전형으로 이루어지기 때문에 수학이 차지하고 있는 부분이 상당히 높습니다. 대학에 따라 다르지만 수리논술로만 학생을 뽑는 대학도 있고 수리과학논술로 뽑는 대학이 있기도 하지요. 그러나 이것 역시 대학의 입시정책에 따라 바뀌기도 합니다. 여러분이 3학년이 되었을 때 여러분이 원하는 대학에서 수리논술로 학생을 선발하지 않을 수도 있습니다.

그럼에도 불구하고 여기서는 여러분에게 1학년 때부터 수리논술을 차근차근 준비하라고 알려드리고자 합니다, 수리논술을 준비하며 하는 수학 공부가 수능을 준비하며 하는 수학 공부보다 좀 더 수학을 제대로 공부할 수 있는 방법이기 때문입니다. 시간을 가지고 여유 있게 준비하면 고3 때 수능과 수리논술에서 두각을 나타낼 수 있습니다.

지피지기이면 백전백승이라는 말을 들어보셨죠? 수리논술이 정확히 무엇인지를 알고 그 내용을 차근차근 준비한다면 수리논술에 대해서 걱정할 것이 없습니다. 지금부터 대학입시에 나오는 수리논술이 무엇인지 어떻게 준비해야 하는지 수리논술에 대해서 알아보겠습니다.

학원에서는 수리논술을 준비하기 위해서는 미리 학원을 다녀야 한다고 광고하고 초등학생들을 대상으로 수리논술을 준비하는 학원도 생겼다고 하니 웃긴 일입니다. 학생들은 수리논술이라고 하면 우선 겁부터 먹고 무엇을 준비해야 하는지 아니면 학원을 다녀야 하는지 그 내용을 몰라서 고민합니다.

지금부터 제가 여러분에게 하는 이야기는 학원 선생님이 이야기해 주지 않습니다. 왜냐하면 이런 방식으로 스스로 수리논술을 준비하는 친구들이 많아지면 사교육 시장이 축소되기 때문입니다. 그러니 지금부터 제 이야기를 잘 들어주세요.

일반적으로 수리논술 문제의 해결 과정은 다음의 4단계를 통해서 이루어집니다.

문제의 이해 → 해결전략 수립 → 개요작성 → 답안쓰기

먼저 논제와 제시문을 잘 읽고 분석하여 답안을 작성하는데 필요한 요구 사항을 파악하고 이를 통해서 개략적인 답안 작성의 방향을 찾습니다. 그리고 문제를 이해했으면 수학적 사고에 입각하여 배경지식이나 제시문을 근거로 올바른 추론의 과정을 통해 논리적 서술을 어떻게 해야 할지 계획을 수립합니다. 요구 사항을 파악하고 이에 대한 자신의 주장과 근거를 만들었다면 어떻게 표현하여 이해시킬 것인지 전략을 만드는 것이 개요 작성입니다. 개요를 바탕으로 필요한 수식과 문장 또는 그림을 적절하게 선택하여 답안을 작성한 후 논제에서 요구한 조건을 빠트리지 않았는지 최종적으로 답안을 검토하고 수정하는 과정을 거쳐서 수리논술 문제를 해결해 나갑니다. 이렇게 보니 수리논술을 해결하는 과정이 수학적 사고의 과정과 많이 닮아있지요?

그렇다면 지금부터 수리논술을 준비해 볼까요?

제1단계 수학적 개념 이해하고 풀기

대부분 수리논술 문제는 30문항(100분)인 수능과 달리 2문항(100분), 3문항(100분)인 경우가 많기 때문에 충분히 고민해 볼 수 있는 시간이 있습니다. 수능 문제에 익숙해진 학생이라면 쉬운 문제가 전혀 없다고 느껴질 수도 있습니다. 하지만 문항 당 충분한 시간을 주기 때문에 천천히 고민하고 분석하면 여러분은 주어진 문제를 풀어낼 수 있습니다. 따라서, 1학년 때부터 수업 시간에 수학선생님이 하시는 말씀을 잘 듣고 그 개념을 잘 이해해야 합니다. 수학적 개념이 잘 설명되어 있는 책이 바로 교과서입니다. 앞에서도 말했듯이 수학은 정의와 정리의 학문이기 때문에 수학적 개념의 정의를 완벽하게 이해하고 있어야 합니다. 대학에서도 교육과정 내에서 수리논술 문제를 출제하려고 노력하기 때문에 수리논술의 기본서가 교과서입니다. 여러분은 수학을 문제집을 통해서 공부하는데 문제집에는 중요한 개념의 증명 과정이 나와 있지 않습니다. 교과서에 나와 있는 정의와 정리는 완벽하게 소화하고 이해하고 증명할 수 있어야 합니다. 학교 수업 시간에 수학선생님들께서 교과서에 나와 있는 수학적 내용과 증명 기본 개념을 자세히 설명을 해 주시기 때문에 사교육보다는 좀 더 수학적 개념을 잘 이해할 수 있습니다. 방과 후에 시간을 더 들여서 공부하지 말고 학교 수업 시간에 집중해서 문제를 해결해 나가야 합니다. 그렇게 하지 않으면 학교에서의 그 많은 수학 시간을 허비하게 됩니다. 수학적 개념을 알고 기본적인 수학 풀이 능력을 잘 길러야 수리논술 문제를 풀 수 있습니다.

제2단계 수능 문제로 수리논술 답안 작성해 보기

앞에서도 말했듯이 객관식과 단답형인 수능과 다르게 수리논술은 개요를 바탕으로 필요한 수식과 문장 또는 그림을 적절하게 선택하여 답안을 작성해야 합니다. 따라서 수능 성적이 높다고 수리논술 성적이 높은 것은 아닙니다. 수학적 능력이 더 좋으면 점수가 높기는 하지만 답안을 작성해 보지 않으면 수리논술에서 좋은 점수를 얻을 수 없습니다. 그렇다면 어떻게 쓰는 것이 수리논술 답안을 잘 쓰는 걸까요?

수능 문제와 달리 수리논술은 여러분의 생각을 수학적 언어로 써 내려가야 합니다.

그 예시가 바로 교과서에 있습니다. 교과서에 있는 예제를 풀어보면 풀이 과정이 나와 있습니다. 그 풀이 과정처럼 써야 합니다. 그냥 답만 맞는 것이 아니라 주어진 조건에 대해서 명시하고 그 내용을 바탕으로 써 나가야 합니다. 그 문제를 처음 보는 사람도 여러분의 답안지를 보고 문제를 풀어낼 수 있어야 합니다. 교과서에 있는 문제를 자신만의 수리논술 문제라고 생각하고 풀어본 후 교과서에 나와 있는 풀이 과정과 비교해 보면 본인이 얼마나 많은 내용을 생략하고 답안을 작성하는지를 알 수 있습니다. 교과서에 나와 있는 문제를 잘 풀어서 답안을 잘 작성할 수 있게 되면 다음 단계는 문제집이나 수능, 모의고사에 나온 어려운 문제들은 수리논술 문제라 생각하고 답안을 작성해 보는 겁니다. 수능처럼 빨리 풀지 말고 한 문제당 30~40분을 배당하여 문제를 풀어보고 반드시 수리논술 답안지처럼 작성을 해보시기 바랍니다. 그리고 답안지와 비교해 보시기 바랍니다. 천천히 문제를 이해하고 주어진 조건에서 힌트를 찾아서 문제를 풀어보고 그것을 써 보는 방식으로 공부하면 수능과 수리논술 두 마리 토끼를 모두 잡을 수 있을 것입니다.

제3단계 대학 수리논술 기출문제 풀어보기

이제 어느 정도 문제를 푸는 것에 자신이 생겼다면 이제는 대학 기출문제를 풀어볼 차례입니다. 인터넷으로 본인이 가고 싶은 대학의 입학처 홈페이지에 들어가 봅니다. 정시와 수시 창 중에서 수시에 들어가 보면 그 안에 그 대학의 그동안 나왔던 수리논술 기출문제가 나와있습니다. 대학마다 수리논술 문제가 다르기 때문에 원하는 대학이 있다면 그 대학의 수리논술 문제에 미리 적응을 해 두면 많은 도움이 됩니다. 특히 기출문제 성향도 바뀌었기 때문에 최근 2~3년 기출문제를 출력하여 시간에 맞게 풀어보고 나중에 답안지를 보고 채점을 해보면 무엇이 문제였는지 알 수 있습니다. 특히 합격자들의 우수답안에 나와 있는 답안을 보시고 본인의 답안과 어느 부분에서 차이를 보이는지 대학교에서 어느 정도까지 자세한 답안을 요구하는지 파악해야 합니다. 그리고 다시 한번 답안을 작성해 보면 좋습니다. 답안을 읽어보면 다 아는 것 같지만 막상 다시 써 보려고 하면 쓰지 못하는 경우도 많습니다. 여기서 조심할 점!

수리논술 문제를 푸는 시간이 100분으로 정해져 있으면 중간에 포기하지 말고 무조건 100분 동안 문제를 풀어서 아는 내용 모두를 적은 답안지를 작성해야 합니다, 10~20분 고민하다가 이것은 내가 풀지 못해 하고 포기하는 것은 좋은 습관이 아닙니다. 문제가 어려우면 어려운 대로 쉬우면 쉬운 대로 다 의미가 있습니다. 대학에서 선호하는 단원도 알아볼 수 있고 자신이 부족한 단원을 파악하여 그 단원을 다시 공부할 수 있기 때문입니다. 또한 이런 공부 방법은 시간적 여유가 있는 1,2학년에 가능하지 고3이 되어서는 시간 부족으로 여유있게 수리논술을 준비할 수 없습니다. 고3이 되어서 수리논술을 준비하겠다는 생각은 버려야 합니다.

제4단계 꾸준하게 풀어보기

공부에 왕도가 없다는 말을 들어보셨을 것입니다. 수학 공부 역시 그렇습니다. 많은 시간을 들여서 고민하고 노력해야만 여러분이 원하는 바를 이룰 수 있습니다. 그런데 대부분의 학생들이 수학 공부를 어떻게 하는지 방법은 알지만 실천하지 못하는 경우가 많습니다. 수리논술 문제 역시 마찬가지입니다. 꾸준히 지속적으로 스스로 풀어보는 것이 매우 중요합니다.

1학년 때부터 토요일, 일요일에 하루 1문제씩만 풀어본다고 가정해 보면 1년이 약 52주이므로 고2 때까지 200개가 넘는 수리논술 문제를 풀어볼 수 있습니다. 그러므로 고3에 가서 시작하는 것보다 1학년 때부터 꾸준히 준비하면 좋습니다.

만약 공부하다가 모르는 것이 있으면 주위의 사람들의 도움을 받아보는 것이 좋습니다. 학교 수학선생님께 여쭤보는 것도 좋고 본인보다 수학을 잘 하는 친구들의 도움을 받는 것도 좋습니다, 또한 기출문제풀이를 하는 인터넷 강의도 많이 있으므로 활용해 보시면 성적 향상에 도움이 됩니다.

이제 수리논술을 1학년 때부터 차근차근 어떤 방식으로 준비하면 되는지 알았죠?

그러나 수리논술만으로 대학을 갈수 있는 것은 아닙니다. 대학마다 논술전형에는 최저학력기준을 적용하기 때문에 수능 성적이 어느 정도가 나오는지에 따라서 지원 가능 대학이 달라집니다.

안타깝게도 여러분이 수리논술 문제의 답안을 완벽하게 쓴다 하더라도 대학에서 원하는 수능 최저등급이 나오지 않으며 대학에 입학할 수 없습니다. 따라서 다른 교과목 공부도 열심히 해서 수능 최저등급을 받고 논술전형에 응시할 수 있는 자격을 갖추기 바랍니다,

34. 수학이 대학을 결정한다?

영어가 절대평가로 바뀌면서 국어와 수학이 우리나라 사교육 시장을 차지하는 비율이 높아졌습니다. 대치동 학원가 건물마다 수학학원이 하나씩 있는 것을 보면 수학이 사교육에서 차지하는 부분은 매우 크다는 것을 알 수 있습니다. 또한 고등학교에 다니는 많은 친구들이 수학 성적을 높게 받기 위해서 학원, 인강, 과외 등 많은 사교육을 받고 있는 것도 사실입니다.

그런데 입시를 지도하면서 매번 안타까운 마음이 생기는 것은 대학입시의 경향이 변했는데도 학생들과 학부모님들은 과거의 세상에 살고 있는 듯한 느낌을 받는 것입니다. 물론 2010년대 초만 하더라도 수학이 수능에서 차지하는 비율은 절대적이었습니다. 수학 문제가 어려웠기 때문에 평균이 낮았으므로 수학 성적 100점을 표준점수로 환산하면 다른 교과목을 100점 받았을 때의 표준점수보다 적게는 5점에서 많게는 15점까지 훨씬 높았기 때문입니다. 또한 많은 대학 이공계열에서는 국어, 영어보다 수학의 반영비율이 더 커서 실질적 표준점수 차이는 더 나기도 했습니다. 지금도 각 대학마다 정시에서 수학에 가중치를 더 주는 것은 사실입니다.

그러나 지금의 교육정책은 공교육의 정상화에 초점이 맞춰져 있고 쉬운 수능으로 변하면서 수학이 가지는 절대적인 힘은 약해져 있습니다. 또한 여러분이 배우고 있는 2015 개정 교육과정은 2009 개정 교육과정보다 그 내용이 더욱 축소되어 그 내용을 바탕으로 한 수능 수학 역시 쉬워질 전망입니다. 예전에 비해 분별력이 떨어진 수학에 너무나 많은 에너지를 쏟고 있는 것을 보면 매우 안타깝습니다. 모든 사교육 시장에서 수학이 매우 중요하다고 이야기합니다. 앞에서도 말했듯이 의문이 생겼을 때는 어떻게 하는 것이 수학적 사고를 하는 것인가요? 다른 사람이 하는 말에 현혹되지 말고 객관적인 데이터를 보면서 분석하는 것이 수학적 사고라고 말했습니다.

그렇다면 정말 수학이 수능성적에 절대적인 위치를 차지하고 있는 지 알아봐야 합니다.

2019학년도, 2020학년도 대학수학능력시험의 채점 결과를 보면 아래와 같습니다.

2019학년도 수능

	국어		수학(가형)		수학(나형)		생활과윤리		사회문화		생명과학 I		지구과학 I	
등급	원점수	표준점수	원점수	표준점수	원점수	표준점수	원점수	표준점수	원점수	표준점수	원점수	표준점수	원점수	표준점수
만점	100	150	100	133	100	139	50	63	50	65	50	72	50	69
1등급	84	132	92	126	88	130	50	63	47	63	44	67	45	65
2등급	78	125	88	123	84	127	47	61	46	62	40	64	4	63
3등급	70	117	81	117	73	119	45	59	43	60	35	60	37	59
4등급	61	107	73	110	59	108	40	55	36	55	26	53	31	54
5등급	51	95	61	99	38	92	32	49	25	47	16	45	22	47

※ 사탐과 과탐은 응시인원이 많은 과목을 예시로 넣었습니다.

2020학년도 수능

	국어		수학(가형)		수학(나형)		생활과윤리		사회문화		생명과학 I		지구과학 I	
등급	원점수	표준점수	원점수	표준점수	원점수	표준점수	원점수	표준점수	원점수	표준점수	원점수	표준점수	원점수	표준점수
만점	100	142	100	134	100	149	50	65	50	67	50	67	50	74
1등급	91	131	92	128	84	135	48	64	47	64	48	66	42	67
2등급	85	125	85	122	76	128	46	62	44	62	44	63	38	63
3등급	77	117	80	118	65	118	42	59	40	59	39	59	34	59
4등급	67	107	70	110	51	106	37	55	35	55	33	54	28	53
5등급	55	95	54	97	35	92	28	48	24	47	24	47	21	47

※ 사탐과 과탐은 응시인원이 많은 과목을 예시로 넣었습니다.

여러분이 생각하던 대로 결과가 나와 있나요? 이공계열을 지원하는 학생들의 수학(가형)점수가 어학이나 사회계열을 진학하는 학생의 수학(나형) 성적보다 만점과 1등급의 표준점수가 훨씬 낮게 나온 것을 보면 매우 놀랍습니다. 즉 어문이나 사회계열로 진학하는 학생이 대학을 결정하는데 수학을 의해서 많은 부분이 결정되고 이공계열을 지원하는 학생들은 수학도 중요하지만 국어의 표준점수가 상당히 중요하게 차지하는 것을 알 수 있습니다. 국어, 수학의 3등급 표준 점수는 비슷해지므로 본인의 성적이 3등급 전후이면 반영비율이 높은 수학이 더 중요한 위치를 차지하긴 합니다.

그러나, 위의 결과로 알 수 있듯이 수학이 중요하긴 하지만 수학만 잘해서는 좋은 대학을 갈 수가 없습니다.

수학 공부에 사용하는 많은 시간을 적절하게 다른 과목을 공부하는 데 사용하기 바랍니다. 수학이 부족하다고 수학만 공부하는 것이 아니라 수학 공부 시간과 다른 과목 공부 시간을 잘 배분하여 여러분이 최상의 결과를 만들어내야 합니다.

여러분에게는 많은 시간이 주어져 있습니다. 자신에게 어떤 교과가 부족한 지 그 과목을 올리기 위해서 어떻게 할 것인지 스스로 계획해 보시기 바랍니다.

위의 결과도 수능의 출제경향에 따라서 언제든지 변할 수 있습니다. 앞에서 말했듯이 스스로 분석하고 그 이유를 찾아서 문제를 해결하는 것이 수학을 배우는 이유라고 했습니다.

여러분이 스스로 본인의 문제점을 인지하고 계획을 세워서 노력해야 고등학교 공부는 성공할 수 있습니다.

여러분의 밝은 미래를 기원합니다.

고등수학 쉽-게 배우기

2021년 3월 10일 초판 인쇄 | 2021년 3월 15일 초판 발행

지은이 이주연

펴낸이 한정희
펴낸곳 종이와나무
편집·디자인 유지혜 김지선 박지현 한주연
마케팅 유인순 전병관 하재일
출판신고 제406-2007-000158호

주소 경기도 파주시 회동길 445-1 경인빌딩 B동 4층
대표전화 031-955-9300 | 팩스 031-955-9310
홈페이지 www.kyunginp.co.kr | 전자우편 kyungin@kyunginp.co.kr

ISBN 979-11-88293-10-0 53410
값 12,000원